U0262869

海岸带资源环境承载力约束下岸线功能格局演变与调控

王 强等 著

科学出版社

北京

内 容 简 介

岸线功能格局是指岸线资源开发与保护方式在时空尺度上的组合特征的地学表达，是地理学对岸线资源空间分布秩序的本质认知。伴随全球可持续发展需求日趋旺盛，以及在陆海统筹发展与海岸带可持续发展研究的导向下，海岸线生态安全与可持续开发的战略格局构建研究日显重要和迫切。现有研究较多地对岸线时空演变过程进行对比分析，而关于科学性判断海岸线功能格局优劣和前瞻性优化构建的研究较少。为此，本书面向我国构建"自然岸线格局"的战略需求，紧扣地球系统科学发展的国际前沿，开展岸线功能格局演变过程、机理和调控机制研究：动态分析我国海岸线功能格局时空变化轨迹，监测预警典型海岸带地区海–陆复合系统的资源环境承载力，综合评价海岸带地区岸线功能格局与资源环境承载力的协调状态，建立实施面向海–陆复合系统协调可持续发展的岸线功能格局调控机制，为推动我国海岸带地区海资源–陆资源–环境–经济统筹协调发展提供地学见解和技术参考。

本书可供海岸带地区国土空间规划、资源环境承载力监测预警，以及生态修复方案设计师参考，也可供地理学、区域科学、资源科学、环境科学、国土空间规划等相关领域的研究学者、规划工作者、管理决策者及高等院校相关专业师生参考。

审图号：GS（2021）5025 号

图书在版编目(CIP)数据

海岸带资源环境承载力约束下岸线功能格局演变与调控／王强等著.
—北京：科学出版社，2022.2
ISBN 978-7-03-070953-0

Ⅰ.①海⋯　Ⅱ.①王⋯　Ⅲ.①海岸带–资源开发–研究　Ⅳ.①P74

中国版本图书馆 CIP 数据核字（2021）第 260051 号

责任编辑：杨逢渤／责任校对：樊雅琼
责任印制：吴兆东／封面设计：无极书装

科学出版社 出版
北京东黄城根北街 16 号
邮政编码：100717
http://www.sciencep.com

北京中科印刷有限公司 印刷
科学出版社发行　各地新华书店经销
*
2022 年 2 月第 一 版　开本：720×1000　1/16
2022 年 2 月第一次印刷　印张：15
字数：300 000
定价：188.00 元
（如有印装质量问题，我社负责调换）

前　言

　　海岸带是陆海系统相互作用最强烈的地球表层地带，也是人类活动和全球气候变化双重影响下变化最为强烈的空间单元，在全球生态系统功能保护维护、自然资源开发利用、社会经济持续发展中占有重要地位。当前，我国正在构建陆海统筹、责权清晰、科学高效的国土空间规划体系，以落实国家安全战略、区域协调发展战略和主体功能区战略，谋划新时代陆海空间开发保护格局，科学布局陆海生产空间、生活空间、生态空间，确定空间发展策略，提升国土空间开发保护质量和效率。在此背景下，开展海岸带资源环境承载力与可持续发展研究，辨识海岸带地区社会经济与资源环境之间的耦合发展规律，以及构建科学评价海岸带资源环境承载力的方法体系，可为构建高效协调、可持续的海岸带国土空间开发格局提供理论借鉴与技术参考。

　　本书基于对全球人口经济向海集聚趋势的认知，揭示海岸带地区资源环境承载力演变特征，探究岸线功能格局演变规律与调控路径，以期为推动我国海岸带地区陆海空间高质量发展提供地学见解和技术参考。全书由上中下三篇构成：上篇，重点阐释区域人口经济向海集聚的一般性规律，指出人类活动对海岸带资源环境的影响；中篇，明确海岸带的基本概念，阐述国内外研究进展与评价原理，并通过实证研究探索海岸带资源环境承载力特征；下篇，以福建海岸带地区为典型区域开展岸线功能格局演变研究，揭示经济较发达地区岸线功能结构演变规律。

　　本书出版得到国家自然科学基金面上项目（No. 41971159；No. 41971164）、中国科学院战略性先导科技专项（A 类）（No. XDA23020101）等项目的联合资助。

　　本书在大量实地调研和理论探究的基础上完成，在资料收集与成书过程中，得到了辽宁省、福建省发展和改革委员会的大力帮助，谨向他们致以最真挚的谢意。

　　特别感谢中国科学院地理科学与资源研究所樊杰研究员对作者的悉心指导，

以及对本书核心内容的指点与斧正。衷心感谢福建师范大学伍世代教授给予作者参与海岸带资源环境承载力评价理论与实践工作的机会。研究生王永洵、乔文慧、余朝静、朱杰、周婷、蔡萍、陈慧云参与了本书的调研、撰写工作，在此一并表示感谢。

由于作者水平有限，书中难免存在疏漏之处，欢迎读者批评指正。

王 强

2021 年 6 月

目 录

下篇：岸线变迁与功能优化

上篇：区域人口经济向海集聚趋势认知

第一章 | 研究背景与意义

经济空间结构显著影响经济要素的空间流动、区域发展、产业布局和国家安全，并成为经济地理和区域发展研究的重要科学命题。伴随世界经济全球化与区域经济一体化的日益深入，原（材）料、技术、劳动力、资本等生产要素的定向流动速度愈加快速、规模不断增大，经济活动向少数地区集聚的趋势已成为世界经济发展的显著特征之一（Cainelli and Iacobucci，2012）。原因在于，这一空间结构演变能满足社会不同经济主体对经济利益最大化的追求，并且其禀赋优势在社会经济再生产过程中循环累积、逐步强化。在要素集聚过程中，经济空间分异特征日益显现：集聚优势明显的地区通过大量劳动力、原材料的汇集，以及技术创新能力的强化，加快了本地经济的发展；而落后地区由于缺乏资本、技术等关键要素投入，地方经济发展水平较低，生产力长期落后，致使与经济集聚地区的社会贫富差距逐渐拉大（金煜等，2006；Chapman and Meliciani，2012）。由此可见，区域作为承载人类经济活动的空间实体，其经济空间结构演化对经济要素聚散、产业分布乃至经济发展发挥着重要作用。而海岸带地区作为海洋系统与陆地系统相连接、复合与交叉的地理单元，既是地球表面最为活跃的自然区域，也是承载人类活动最为集中的复合地带。为此，自 20 世纪末，国内外学者就对沿海地区与内陆地区经济活动的空间分布差异、结构演化进行了大量研究，区域人口经济向海集聚已成为世界各地经济发展的阶段性特征（Small et al.，2000；Deichmann et al.，2001；Small and Nicholls，2003；Goudarzi，2006）。

第一节 主要发达国家人口经济向海集聚趋势

随着交通运输网络的建设和完善，沿海地区各城市由最初的独立发展形态逐渐发展为联系紧密的城市群或城市连绵带，从而成为引领地区乃至国家经济增长和社会进步的前沿和主流地带，人口、经济高度集聚在这一地区。据统计，全球距海岸线 100km 的海岸带地区的平均人口密度是全球平均人口密度的 2 倍，共承载着全球约 40% 的人口总量（1990 年为 36.35%，2000 年为 40%，2010 年为 44%），世界 33 个超大型城市中，21 个位于沿海地区（Klein et al.，2003），人口向海集聚的趋势越来越明显。此外，从全球人口总量和人口密度空间格局的变化情况来看，全球人口和人口密度的高值区也主要集中在沿海地区，呈现出显著的"轴-带"集聚态势。其中，就发达国家而言，20世纪以来，发达国家的区域经济开发通常表现为人口、产业向大江、大河、沿海等特定自然区域集聚，由此形成了经济带和城市群，这种产业集群化发展模式进而成为推动发达国家经济发展的主要动力。

一、美国人口经济向海集聚趋势

2010年，美国沿海县域土地面积不到全国土地面积的1/4，却承载了全国52%的人口。从2000～2010年人口增长速度来看，美国南部地区（14.3%）、西部地区（13.8%）远高于中部地区（3.9%）与东北地区（3.2%）。其中，南部地区人口总量增长了14 300万人，达到114 600万人；西部地区人口总量则增长了8700万人，达到71 900万人；中部地区人口总量增长了2500万人，达到66 900万人；东北地区人口总量增长了1700万人，达到55 300万人。总之，2000～2010年南部地区和西部地区人口总量之和占全国的比例已达84.4%，高出1990～2000年7个百分点。

从人口密度空间分异特征来看，东北地区和东部地区逐渐成为人口密集区，这些人口较为密集的县域集中分布于太平洋、大西洋海湾地区，基本形成从新罕布什尔州到弗吉尼亚州北部的300人/mile²[1] 的人口集聚区[2]。另外，沿海地区企业数量比例、从业人数比例、工资收入比例与GDP比例均高于40%（图1-1），且这一集聚态势日益明显。

二、英国人口经济向海集聚趋势

英国海岸线总长19 488km（表1-1），截至2004年，共有1690万人居住在距离海岸线10km的带状区域，大约占全英国人口总量的1/3。这一地区集聚了英国大量的社会财富，其中伦敦、爱丁堡、加的夫、贝尔法斯特等经济中心都坐落在这一近海地区，仅伦敦一个地区就占据了全国20%的财富[3]。

---

① 1mile² = 2.589 988km²。

② U. S. Department of Commerce Economics and Statistics Administration. 2010 Census Briefs：Population Distribution and Change：2000 to 2010. 1- 12. https://www. census. gov/prod/cen2010/briefs/c2010br - 01. pdf [2014-1-23]。

③ ATKINS. ICZM in the UK：a stocktake. 2004. http://sciencesearch. defra. gov. uk/Document. aspx? Document = ME1404_1999_FRP. pdf[2014-1-23]。

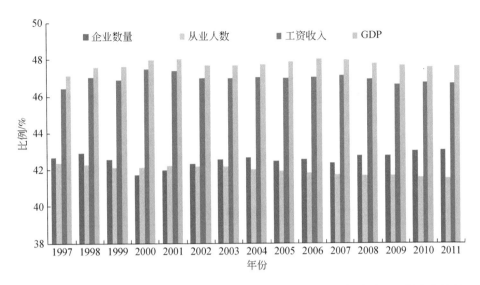

图 1-1　1997 ~ 2011 年美国县域尺度下沿海地区社会经济发展指标占全国比例变化情况

资料来源：U. S. Census Bureau，1997 ~ 2011 Census

表 1-1　英国海岸线分布结构（2004 年）　　　　　（单位：km）

地区		海岸线
英格兰		5 496.00
苏格兰	苏格兰主岛	6 482.00
	奥克尼群岛	881.00
	设得兰群岛	1 398.00
	外赫布里底群岛	2 103.00
	内赫布里底群岛	916.00
威尔士		1 562.00
北爱尔兰		650.00
总量		19 488.00

三、日本人口经济向海集聚趋势

日本土地总面积约 378 000km²，其中，低于海平面 20m 的地区总面积约为 31 000km²，占国土总面积的 8.2% 左右。日本海岸线总长度约 35 000km，每平方千米土地就有 92.6m 长的海岸线，若将小岛屿国家排除在外，从单位国土面积海岸线长度来看，日本在全球位列第二（丹麦每平方千米土地拥有 150m 海岸线），由此可见沿海地区对日本经济发展的重要性。

日本海岸带已被开发利用于各类活动，机场、港口物流区、石油勘探区、燃料储存和发电区、工商业用地区、垃圾堆放场和游憩区都在此布局，沿海地区建设面积占日本全国总建设面积的比例不到 32%，却承载了全国 45% 的人口、47% 的工业产值和 77% 的商业产值。可见，海岸带对日本经济活动的重要性。此外，通过 1998 年日本东京湾和美国旧金山湾地区自然经济要素的对比（表 1-2）可以看出，东京湾流域盆地人口密度是旧金山湾的 63.48 倍，凸显出日本海岸带对其国家经济和社会发展的重要性。

表 1-2　东京湾和旧金山湾地区对比（1998 年）

自然经济要素	东京湾	旧金山湾
水域面积/km^2	1 380	1 240
流域面积/km^2	7 549	153 000
平均水深/m	45	6
水流量/（m^3/s）	300	500
流域盆地人口/万人	2 492	800
流域盆地人口密度/（人/km^2）	3 301	52

第二节　中国人口经济向海集聚趋势

中国是世界海洋大国，拥有约 18 000km 的大陆海岸线和约 14 000km 的岛屿岸线，沿海地区形成了长江三角洲、珠江三角洲和环渤海 3 个经济圈和城市群，是我国人口密度最高、经济最为发达的地区（高健等，2012）。根据胡序威等（1995）和 Liu 等（2009）的研究成果，将我国沿海地区范围界定为：辽宁、河北、北京、天津、山东、江苏、上海、浙江、福建、广东、广西、海南 12 个省（直辖市、自治区）①（图 1-2），土地面积占全国的 13.7%。截至 2019 年，沿海地区人口占全国的 45.3%，沿海地区 GDP 占全国的 56.2%（图 1-3）。尤其是伴随着改革开放政策的实施，沿海地区在加速现代化进程方面取得了举世瞩目的成就，发展成为我国经济集聚区，现已成为世界上发展最快和最具经济活力的地区之一（胡序威等，1995）。

---

① 本书沿海地区范围不包括香港、澳门、台湾。

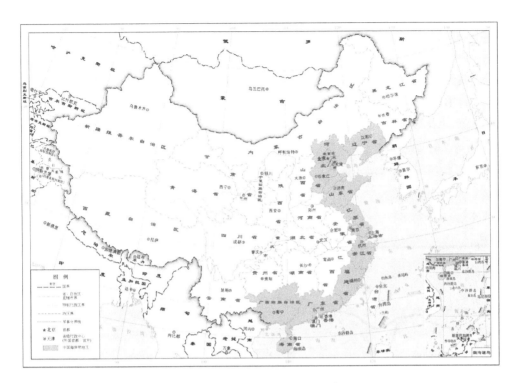

图 1-2　中国海岸带地区位置示意图

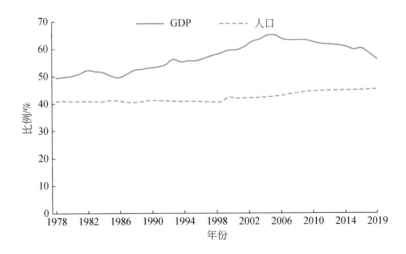

图 1-3　我国沿海地区 GDP 和人口占全国的比例变化情况

一、经济向沿海地区集聚的时序特征

我国沿海地区产业集聚水平普遍较高，1978～2019 年，沿海 12 个省（直辖市、自治区）GDP、第二产业、第三产业结构比例分别由 1978 年的 49.5%、59.8%、39.1% 变化为 2019 年的 56.5%、56.6%、58.4%（图 1-4），沿海地区 GDP、第三产业比例呈现明显的增长态势。

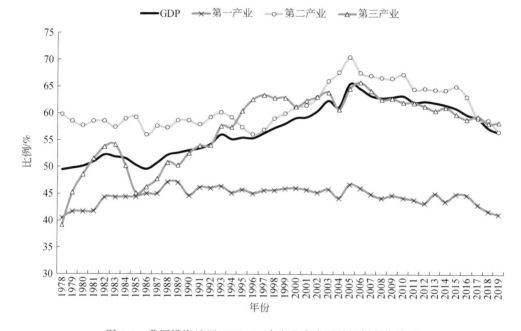

图 1-4 我国沿海地区 GDP、三次产业占全国的比例变化情况

为探讨不同产业对经济空间集聚的影响，本书将经济集聚细化到三次产业：第一产业、第二产业和第三产业。式（1-1）中，y 为 GDP；i 为 1 和 0，分别表示沿海地区和全国。y_P，y_S，y_T 分别为三次产业增加值，则有

$$y^i = y_P^i + y_S^i + y_T^i \quad i = 0, 1 \tag{1-1}$$

引入海岸带经济集聚程度指数 $M = \dfrac{y^1}{y^0}$，即沿海地区经济集聚程度的综合测度指标；另外，引入产业集聚程度指数 $M_j = \dfrac{y_j^1}{y_j^0}$（$j = P$，$S$ 或 T），即产业向海岸带地区集聚程度的测度指标。由此可以得出式（1-2）：

$$M = M_\mathrm{P} \times \frac{y_\mathrm{P}^0}{y^0} + M_\mathrm{S} \times \frac{y_\mathrm{S}^0}{y^0} + M_\mathrm{T} \times \frac{y_\mathrm{T}^0}{y^0} \qquad\qquad (1\text{-}2)$$

式中，M 为海岸带经济集聚程度指数；M_P、M_S、M_T 为第一、第二、第三产业集聚程度指数；$\frac{y_\mathrm{P}^0}{y^0}$、$\frac{y_\mathrm{S}^0}{y^0}$、$\frac{y_\mathrm{T}^0}{y^0}$ 为第一、第二、第三产业占 GDP 的比例。由此得到三次产业对经济向海集聚的贡献程度（图 1-5）。结果显示，第二产业对经济向海集聚的贡献程度最大，其次是第三产业，而第一产业的贡献程度呈现逐年降低的趋势。其中，第三产业的贡献程度变化最大。为进一步明确第二产业、第三产业向沿海地区集聚的具体类型特征，对 1978～2019 年第二产业、第三产业中各行业的向海集聚特征进行了细化研究。

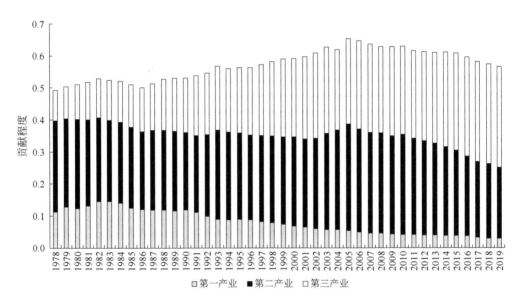

图 1-5　三次产业对经济向海集聚的贡献程度变化情况

（一）第二产业向沿海地区集聚的时序特征

改革开放以来，沿海地区工业增加值占全国工业增加值的比例日益扩大（图 1-6），由 1978 年的 59.8% 增长至 2004 年的 68.2%，而后波动降低至 2019 年的 58.7%。而沿海地区建筑业增加值占全国建筑业增加值的比例虽总体呈现小幅度波动，由 1978 年的 57.8% 降低至 2019 年的 47.2%，但并没有显示出明显的动态集聚态势，故本书未对其进行时序集聚特征分析。

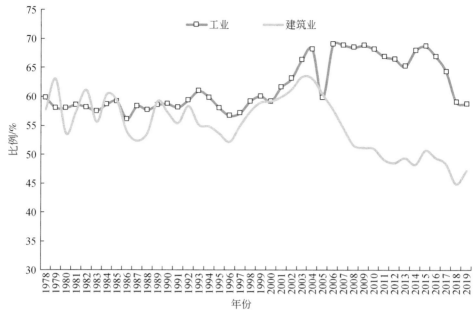

图 1-6 我国沿海地区工业增加值和建筑业增加值占全国的比例变化情况

（二）第三产业向沿海地区集聚的时序特征

伴随沿海地区经济的快速发展，以及现代化、工业化、市场化、城镇化进程的逐步加快，交通运输、仓储和邮政业，金融业，住宿和餐饮业，房地产业，批发和零售业等生产性、生活性服务业集聚态势明显。整体来看，1978～2019 年沿海地区交通运输、仓储和邮政业，金融业，房地产业，批发和零售业，住宿和餐饮业年均增加值占全国同行业增加值比例分别为 61.6%、59.7%、56.6%、69.7%、60.0%（图 1-7）。

二、沿海地区第二、第三产业空间分布格局演化特征

（一）第二产业空间分布格局演化特征

改革开放初期，第二产业集聚于沿海的上海、辽宁、江苏、山东，仅这四个地区 1980 年第二产业增加值就约占全国第二产业增加值总量的 1/3；1980～1990年，伴随珠江三角洲地区外向型经济的快速发展，第二产业向海集聚态势更加明显，至 1990 年，江苏、山东、广东、辽宁和上海 5 省（直辖市）第二产业增加值比例增长至 38.8%（表 1-3）；1991～2000 年，第二产业空间集聚态势并未呈

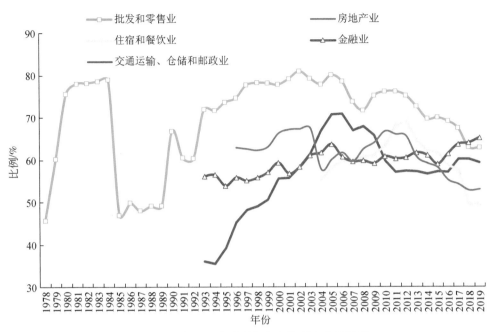

图 1-7　沿海地区各类服务业集聚程度变化情况

现进一步强化的态势，广东、江苏、山东、浙江 4 省 2000 年第二产业增加值比例为 37.0%；2010 年，广东、江苏、山东、浙江 4 省第二产业增加值比例达到有史以来最高值，达 42.8%。

表 1-3　第二产业增加值比例大于 6% 的沿海地区

年份	沿海地区（第二产业增加值比例）				
1980	上海（10.8%）	辽宁（8.8%）	江苏（7.6%）	广东（6.8%）	山东（6.7%）
1990	江苏（9.0%）	山东（8.2%）	广东（8.0%）	辽宁（7.0%）	上海（6.6%）
2000	广东（11.0%）	江苏（9.7%）	山东（9.1%）	浙江（7.2%）	
2010	广东（12.3%）	江苏（11.6%）	山东（11.3%）	浙江（7.6%）	
2019	江苏（11.3%）	广东（11.6%）	山东（7.3%）	浙江（6.9%）	

值得注意的是，在沿海地区内部，第二产业集聚过程呈现出以下两个特征。

一是第二产业空间集聚由改革开放初期的两个集中区（长江三角洲、环渤海地区）逐渐变为三个中心区（长江三角洲地区、环渤海地区、珠江三角洲地区），而长江三角洲地区始终是全国第二产业增加值占全国份额最大地区。

二是在沿海地区内部，第二产业增加值比例也存在明显变化：在长江三角洲地区，上海 1980 年第二产业增加值占全国总额的比例最高，占全国的 10.8%，而伴随经济结构的逐步升级，上海第二产业占比逐步降低，其周边江苏、浙江两省第二产业增加值比例升高，其中江苏逐步替代上海，成为长江三角洲地区第二产业增加值占比最高的省份；作为仅有广东一个省的珠江三角洲地区，依托香港工业的转移，同时凭借香港的自由贸易港优势，再加上改革开放的政策支持，其第二产业增长强劲，增加值比例由 1980 年 6.8% 增长至 2010 年的 12.3%，成为全国第二产业增加值比例最大的省区市；在长江三角洲与珠江三角洲纷纷崛起的同时，位于环渤海地区的辽宁，其第二产业增加值占全国比例逐步降低，由 1980 年的 8.8% 降低到 2019 年的 5.3%，而山东第二产业增加值占全国的比例却明显上升，由 1980 年的 6.7% 逐步增长至 2010 年的 11.3%。值得注意的是，伴随我国经济增长方式逐渐转型，经济发展质量不断升级，到 2019 年，环渤海地区第二产业增长趋缓，但长江三角洲与珠江三角洲地区的工业化发展仍表现出了较强的韧性。

为定量刻画我国沿海地区各行业集聚程度的空间演化过程及格局，利用区位商来测算各地区产业专门化率，以表示不同行业在不同地区上的集聚程度。其计算公式及表征意义参见徐建华（2014）研究成果，在此不再赘述。将计算结果通过 GIS 软件进行可视化。由图 1-8 可知，20 世纪 80 年代初，作为中国近代工业的重要发源地之一，上海工业从恢复性调整逐渐转为适应性调整，为适应市场经

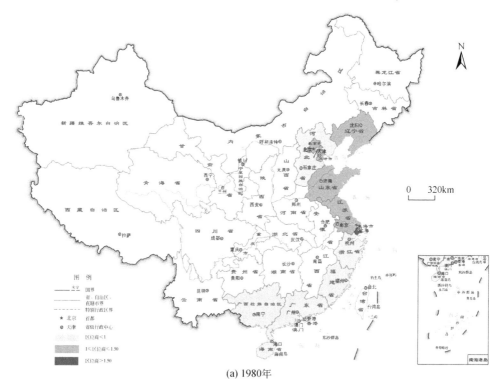

(a) 1980年

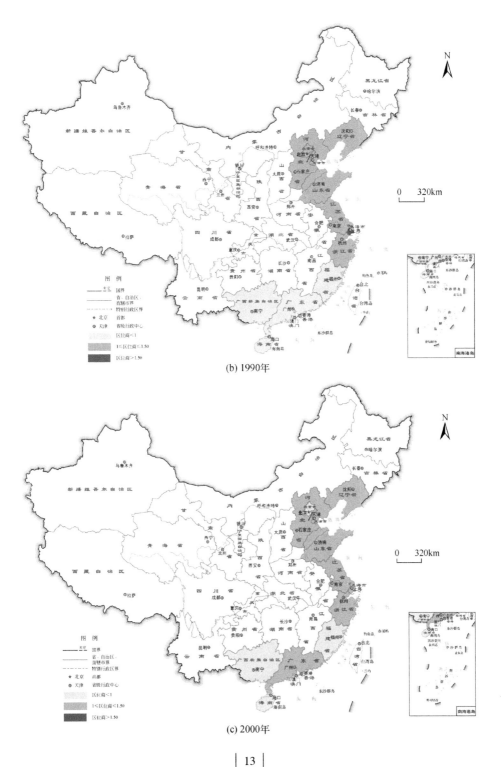

(b) 1990年

(c) 2000年

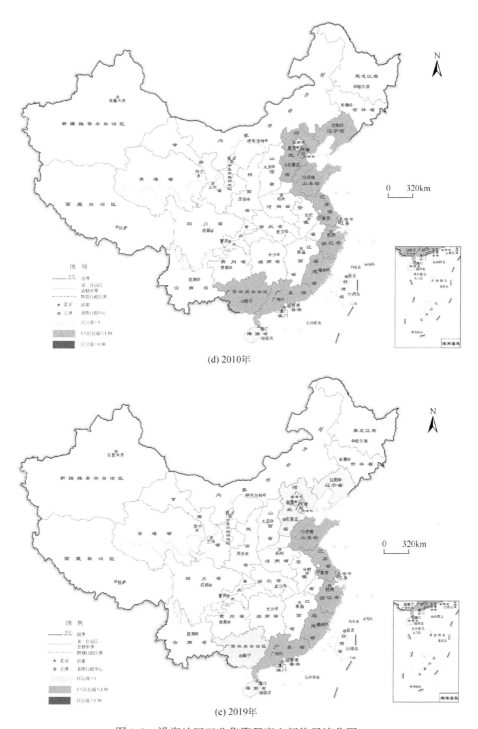

(d) 2010年

(e) 2019年

图 1-8　沿海地区工业集聚程度空间格局演化图

济发展需求，上海大力培养并形成汽车、钢铁、石化和家电等主导产业，加快了以制造业为主的工业化进程，在1980~1990年成为工业集聚水平最高的地区，1990年区位商达到1.64，但这一期间，由于周边浙江、江苏及珠江三角洲、环渤海地区更为广阔集聚空间的相继开发，上海集聚水平虽然持续位于前列，但出现了下滑；1990~2000年，北京也经历了类似国际大都市的"去工业化"发展轨迹，由工业经济转向服务经济，其工业区位商由1990年的1.19降低为2000年的0.66；2019年，我国沿海地区工业区位商均小于1.5，其中仅广东、福建、浙江、江苏和山东5个地区工业区位商大于1。

此外，沿海地区的工业化在全国产业发展中具有重要的地位。如图1-9所示，1978年，以北方沿海地区为主的7个省（直辖市）工业区位商均在1.0以上，表明其工业在全国的优势引领地位；但伴随产业结构升级和各地区工业化的全面展开，北京、上海和天津三大地区工业的区位商逐步降低并小于1，说明这三个地区进入后工业化阶段，工业逐步退出，工业集聚水平逐渐降低。与此同时，凭借自身区位和政策优势，充分发挥市场在资源配置中的作用，东南沿海地区工业进一步集聚，具体表现为，江苏、浙江、福建、广东等东南沿海省的工业区位商呈现递增态势。

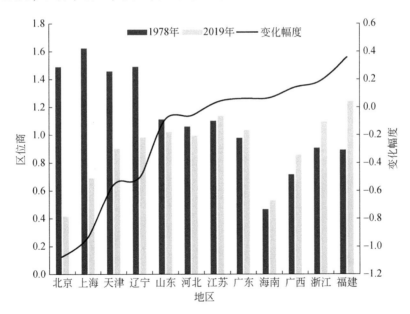

图1-9 沿海各地区工业区位商变化情况

1. 原料地依赖型产业

从产业专业化空间集聚过程来看（图1-10），原料地依赖型产业在沿海地区主要集中在我国北部的环渤海地区，但其内部空间结构也出现局部集聚态势。1990年

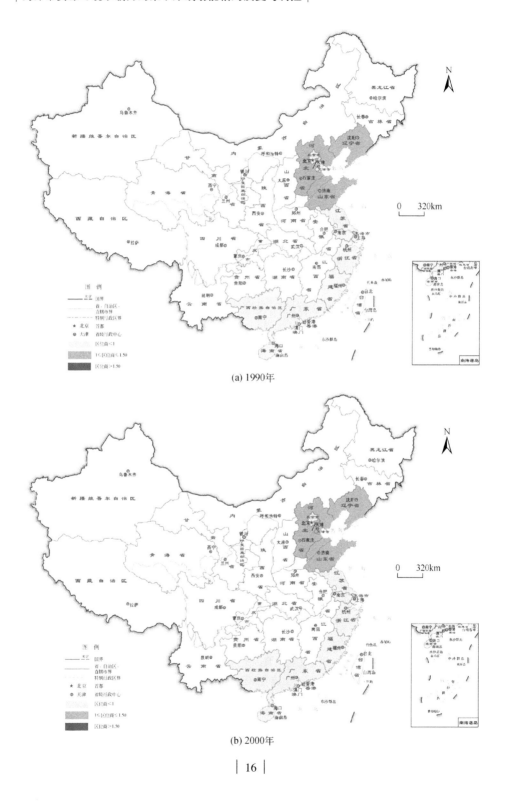

(a) 1990年

(b) 2000年

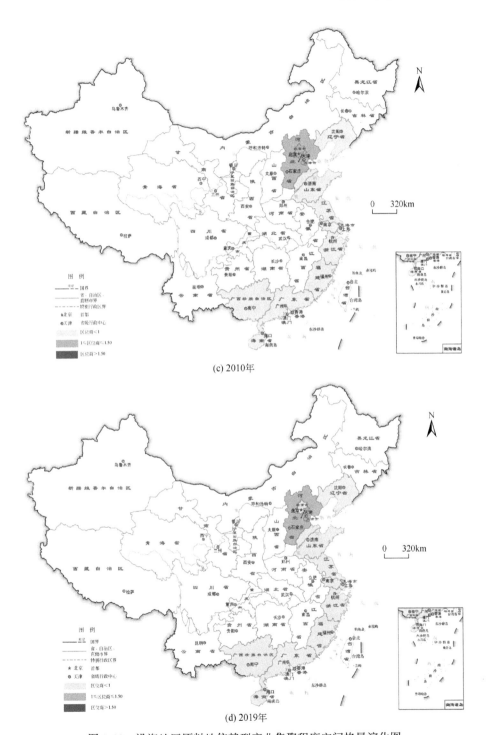

(c) 2010年

(d) 2019年

图 1-10　沿海地区原料地依赖型产业集聚程度空间格局演化图

山东、辽宁、河北原料地依赖型产业区位商依次是1.30、1.21、1.15，其产出总和占全国同类产业产值总和的比例达到22.9%；2000年这一集聚态势趋势加强，山东、辽宁、天津、河北的区位商依次是1.38、1.35、1.34、1.03，占全国比例达25.5%；2010年，伴随天津滨海新区纳入国家"十一五"规划和国家发展战略，天津经济开发速度加快，其原料地依赖型产业区位商增至最高，达1.39，河北则位列第二，区位商为1.20，北京第三，区位商为1.02，三个地区占全国比例为12.88%。值得注意的是，北京地区原料地依赖型产业区位商高，主要是因为其电力、热力生产和供应产业产值达2120万元，占其原料地依赖型产业总产值的65.36%，相当于河北全省这一行业产值（2132万元）；天津则是因为其石油和天然气开采业总产值达1431万元，仅次于黑龙江（1609万元），占其原料地依赖型产业总产值的53.15%。到2019年，这个格局并未发生明显改变。

2. 原料进口依赖型产业

原料进口依赖型产业在沿海地区主要集中在我国环渤海地区和长江三角洲地区，但其内部空间结构也出现局部集聚态势（图1-11）。1990年上海、天津、辽宁、北京、江苏原料进口依赖型产业区位商依次是2.12、1.95、1.76、1.51、1.43，其产出总和占全国同类产业产值总和的比例达到37.1%；2000年，这一

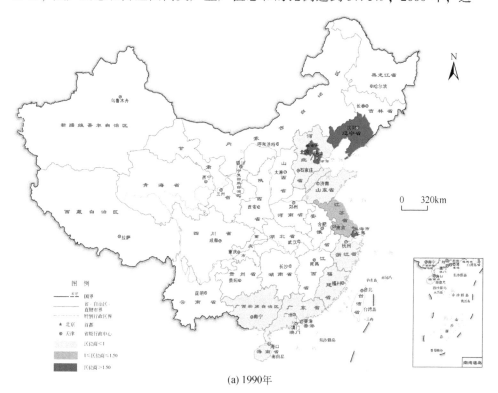

(a) 1990年

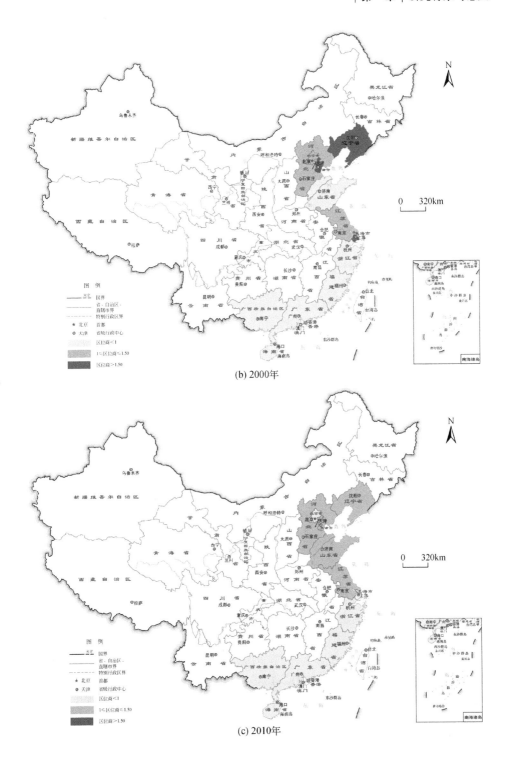

(b) 2000年

(c) 2010年

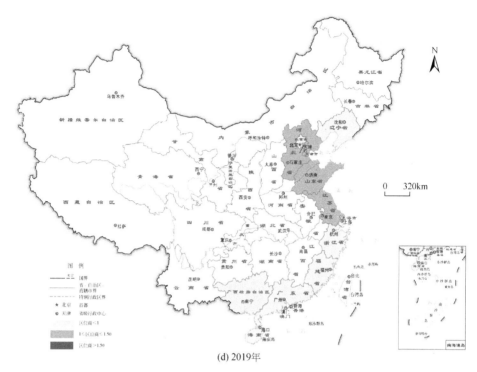

(d) 2019年

图 1-11　沿海地区原料进口依赖型产业集聚程度空间格局演化图

集聚态势加强，天津、辽宁、上海、江苏、河北、北京 6 个地区的区位商依次是 1.88、1.79、1.71、1.40、1.13、1.00，共占全国比例达 40.9%；2010 年，原料进口依赖型产业进一步向沿海地区集聚，且向专业化程度较高地区集聚的态势更为明显，辽宁、河北、山东、江苏、天津 5 个地区的区位商分别为 1.41、1.40、1.25、1.25、1.19，其产出总和占全国同类产业产值总和的比例达到 41.2%；2010～2019 年，伴随辽宁经济增速趋缓，原料进口依赖型产业仅在河北、天津、山东和江苏地区聚集。

3. 劳动密集型产业

劳动密集型产业在我国经济发展过程中发挥了重要的推动作用（Lin et al.，2011）。从产业集聚程度空间格局演化过程来看（图 1-12），劳动密集型产业在沿海地区主要呈现由我国环渤海、珠江三角洲地区向长江三角洲地区集聚的趋势。1990 年江苏、上海、浙江、天津、山东、北京、广东劳动密集型产业区位商依次是 1.69、1.67、1.64、1.41、1.19、1.08、1.01，其产出总和占全国同类产业产值总和的比例达到 51.1%；1990～2000 年，这一集聚态势出现了变化，江苏、浙江、天津的区位商出现不同程度的下降，其值依次为 1.59、1.59、1.01，而山东的区位商则快速增至 1.67；2000～2010 年，劳动密集型产业进一步向沿海

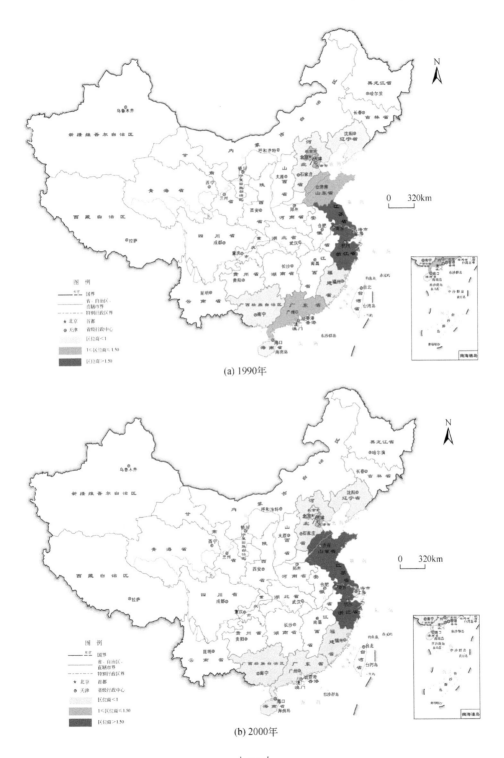

(a) 1990年

(b) 2000年

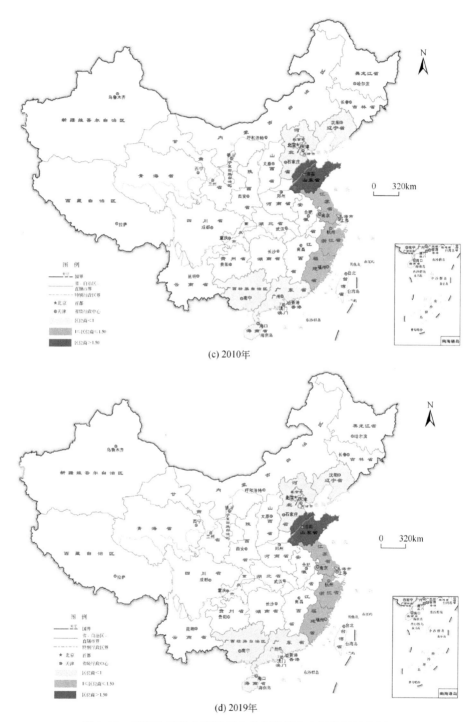

(c) 2010年

(d) 2019年

图1-12 沿海地区劳动密集型产业集聚程度空间格局演化图

地区集聚，且向专业化程度较高地区集聚的态势更为明显，2010 年，山东、浙江、福建、江苏 4 个地区区位商分别为 1.76、1.31、1.25、1.15，其产出总和占全国同类产业产值总和的比例达到 42.7%；2010～2019 年，浙江劳动密集型产业区位商下降至 1.12。

4. 技术密集型产业

经济全球化背景下，发展中国家正在经历着发达国家技术密集型产业逐渐转入的热潮（Florida and Kenney，1991）。一般而言，技术密集型产业发展与技术更新往往依赖于 R&D 费用的大量投入。为此，从集聚程度的空间变化过程来看，技术密集型产业在沿海地区逐步向环渤海地区的核心区北京、天津，以及长江三角洲地区、珠江三角洲地区集聚，但其内部空间结构也出现向局部集聚的发展态势（图 1-13）。1990 年上海、天津、江苏、北京、广东、福建、辽宁、浙江技术密集型产业区位商依次是 2.68、2.30、1.64、1.93、1.90、1.36、1.22、1.03，其产出总和占全国同类产业产值总和的比例达到 60.31%；2000 年，这一集聚态势持续，天津、北京、广东、上海、江苏、福建 6 地的区位商依次是 3.90、2.88、2.64、2.05、1.41、1.61，占全国比例达 70.8%；2010 年，技术密集型产业向沿海地区集聚态势有所减弱，广东、上海、江苏、天津、北京 5 地的区位

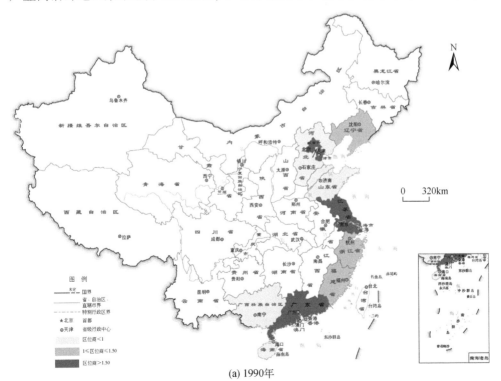

(a) 1990年

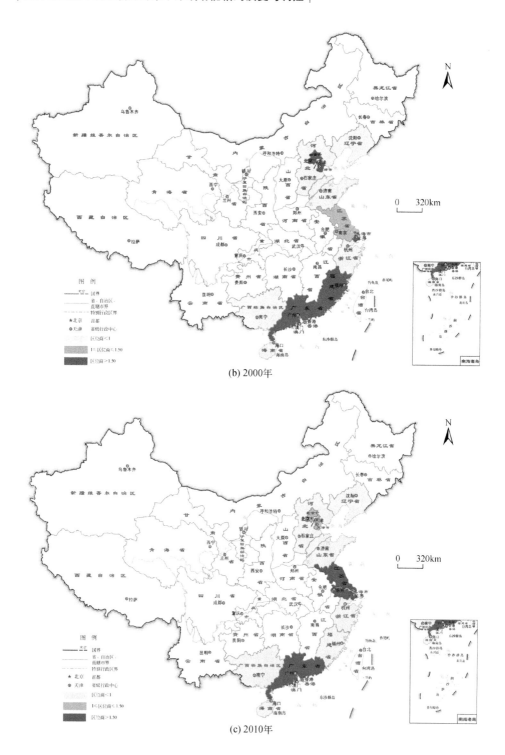

(b) 2000年

(c) 2010年

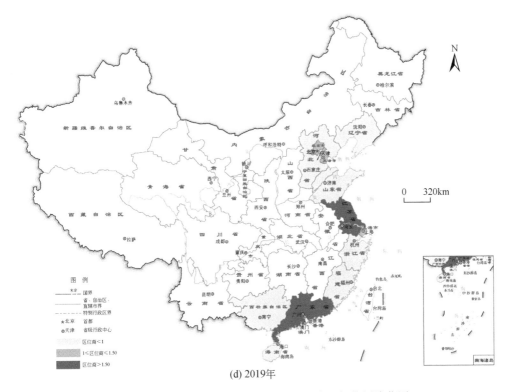

(d) 2019年

图 1-13　沿海地区技术密集型产业集聚程度空间格局演化图

商分别为 2.56、2.17、2.13、1.29、1.10，其产出总和占全国同类产业产值总和的比例达到 67.4%；而 2019 年，北京和上海两地技术密集型产业区位商持续降低至 1.5 以下。

5. 资本密集型产业

从集聚程度的空间变化过程来看，资本密集型产业在沿海地区主要集中在环渤海地区、长江三角洲地区、珠江三角洲地区，但其内部空间结构也出现局部集聚态势（图 1-14）。1990 年上海、天津、江苏、北京、辽宁、浙江资本密集型产业集聚地区区位商依次是 2.48、2.04、1.51、1.49、1.36、1.14，其产出总和占全国同类产业产值总和的比例达到 42.5%；2000 年，这一集聚态势加强，上海、江苏、天津、浙江、广东、山东 6 地的区位商依次是 2.21、1.73、1.69、1.54、1.33、1.24，其产出总和占全国同类产业产值总和的比例达到 62.7%；2010 年，资本密集型产业进一步向沿海地区集聚，且向专业化程度较高地区集聚的态势更为明显，江苏、上海、辽宁、浙江、山东、天津、广东 7 地的区位商分别为 1.56、1.44、1.37、1.27、1.21、1.11、1.09，其产出总和占全国同类产业产值总和的比例达到 64.2%；2019 年，上海资本密集型产业区位商持续降低至 1.0 以下。

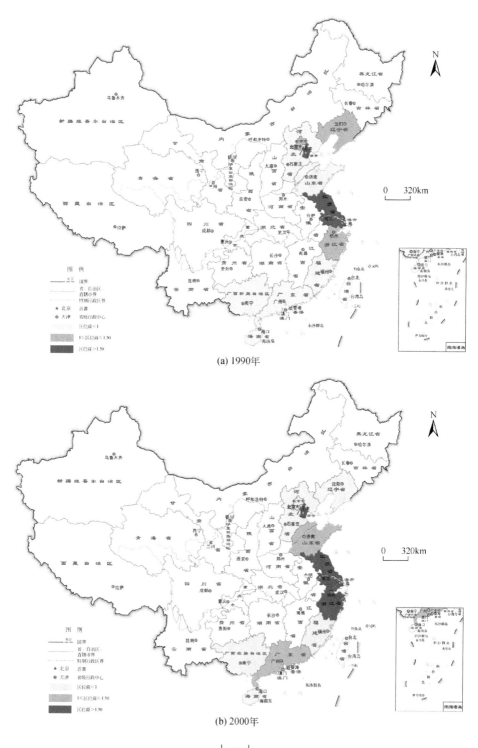

(a) 1990年

(b) 2000年

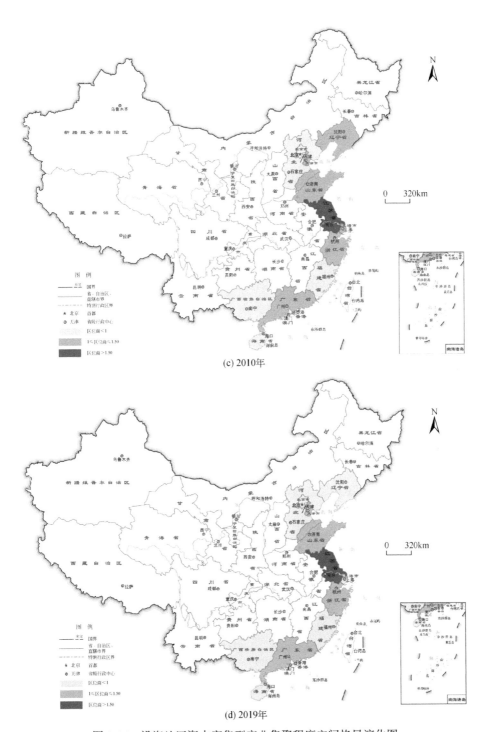

(c) 2010年

(d) 2019年

图 1-14 沿海地区资本密集型产业集聚程度空间格局演化图

(二) 沿海地区第三产业空间分布格局演化特征

改革开放初期，第三产业集聚于沿海地区的上海、广东、江苏等地区，1980年这几个地区第三产业增加值约占全国第三产业增加值的1/5；1980~1990年，伴随环渤海地区第三产业的快速发展，第三产业向沿海地区集聚的态势更加明显，至1990年，广东、山东、江苏、辽宁4省第三产业增加值比例增长至29.4%；1991~2000年，第三产业空间集聚态势进一步强化，至2000年，广东、江苏、山东、上海4个省（直辖市）第三产业增加值比例为34.1%；2010年第三产业增加值向沿海地区集聚程度达到有史以来最高值，占比为43.3%。

值得注意的是，在沿海地区内部，第三产业集聚过程呈现以下两个特征。

一是第三产业空间集聚由改革开放初期的两个集中区（长江三角洲、珠江三角洲地区）逐渐变为三个中心区（长江三角洲地区、环渤海地区、珠江三角洲地区），但长江三角洲地区始终是全国第三产业增加值占全国比例最大的地区。

二是在沿海地区内部，第三产业增加值比例也存在明显变化。在长江三角洲地区，上海1980年第三产业增加值占全国总额的比例最高，为6.7%，而伴随珠江三角洲地区和其周边江苏、浙江两省的第三产业的迅速发展，其所占比例呈现了快速下降的趋势，浙江第三产业发展最为迅速，其增加值占全国比例由1980年的3.2%增长为2019年的6.3%，翻了近一番；广东第三产业增加值比例自改革开放以来，一直是我国第三产业增加值比例较高的省份，由1980年的6.5%增长至2010年的12.0%，占全国比例翻了近一番，产业集聚程度远高于其他省（直辖市）；在长江三角洲与珠江三角洲纷纷崛起的同时，环渤海地区辽宁第三产业增加值占全国比例逐步降低，由1990年的6.0%降低到2019年的2.5%，而北京的第三产业增加值占全国的比例却明显上升，由1980年的3.8%逐步增长至2019年的5.5%（表1-4）。

表1-4 第三产业增加值比例大于6%的沿海地区

年份	沿海地区（第三产业增加值比例）				
1980	上海（6.7%）	广东（6.5%）	江苏（6.0%）		
1990	广东（9.5%）	山东（7.6%）	江苏（6.3%）	辽宁（6.0%）	
2000	广东（12.3%）	江苏（7.9%）	山东（7.5%）	上海（6.4%）	
2010	广东（12.0%）	江苏（9.9%）	山东（8.3%）	浙江（7.0%）	北京（6.1%）
2019	广东（11.2%）	江苏（9.6%）	山东（7.0%）	浙江（6.3%）	

1. 交通运输、仓储和邮政业

改革开放以来，伴随沿海地区资金、企业和劳动力的持续集聚，产品供给、库存及中间投入品和运输对交通运输、仓储和邮政业的需求日益增大，为此，流通领域相关服务业体量随之不断扩大，其空间布局也呈现集聚态势（图1-15）。1995年，除广西、江苏两个地区之外，其他沿海地区交通运输、仓储和邮政业区位商均大于1，其中天津和福建两地区区位商最高（分别为1.75和1.70），10省（直辖市）交通运输、仓储和邮政业增加值占全国该产业增加值的比例为57.38%；2000年，这一集聚态势更为明显，交通运输、仓储和邮政业区位商均大于1的沿海地区交通运输、仓储和邮政业增加值占全国的比例增长至65.32%，值得一提的是，海南地区交通运输、仓储和邮政业区位商由1995年的1.36增长至2000年的1.60，成为继天津、福建之后，区位商第三大的专业化地区；而到2010年，交通运输、仓储和邮政业向沿海地区集聚水平有所减弱，其专业化地区主要集中在环渤海地区、长江三角洲地区的上海及华南地区的福建、广西和海南，这一期间河北区位商为1.93，成为交通运输、仓储和邮政业专业化水平最高的地区；2010~2019年，交通运输型地区主要分布在环渤海地区。

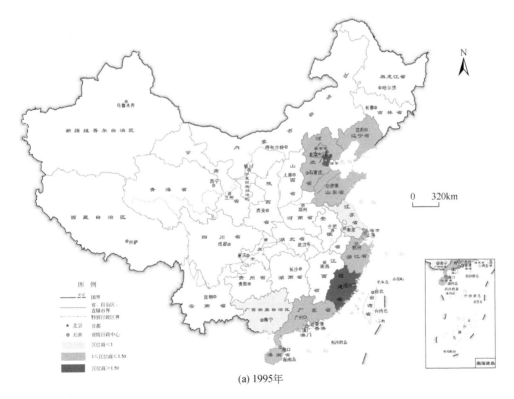

(a) 1995年

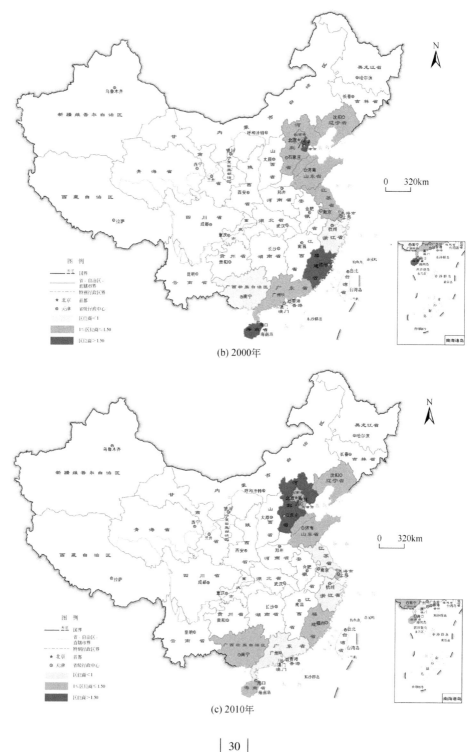

(b) 2000年

(c) 2010年

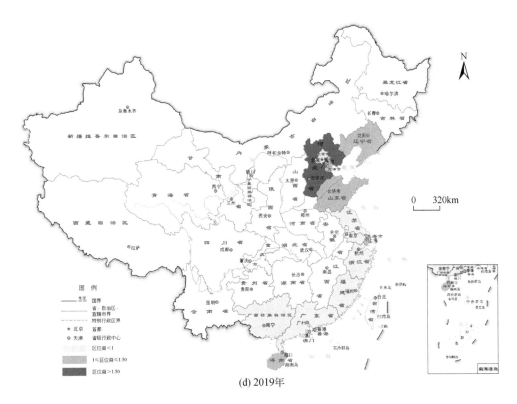

(d) 2019年

图 1-15　沿海地区交通运输、仓储和邮政业集聚程度空间格局演化图

2. 金融业

金融业作为经济发展和产业集聚的重要推动力量和形成条件，其空间格局与中观尺度下区域经济的集聚、扩散过程密切相关。改革开放以来，我国沿海地区凭借得天独厚的区位优势、雄厚繁荣的经济基础、开放自由的金融制度及充裕的人才储备，使得金融资源持续集聚，有力保障了沿海地区的经济发展（图 1-16）。2005 年，我国沿海地区北京、上海、天津三地区金融业区位商分别为 3.66、2.22、1.24，空间分布高度集中，其总和占全国比例达 27.51%，而这一集聚态势到 2010 年更为明显，北京、上海、浙江、江苏、天津、广东金融业区位商分别达 2.53、2.17、1.60、1.38、1.19、1.10，其总和占全国比例达 44.69%。其中，广东、江苏两个经济较发达地区集聚水平增长幅度最大，广东 2010 年区位商较 2005 年增长了 0.21，江苏 2010 年区位商较 2005 年增长了 0.17；2019 年，仅北京、天津和上海三个地区区位商超过 1.5。

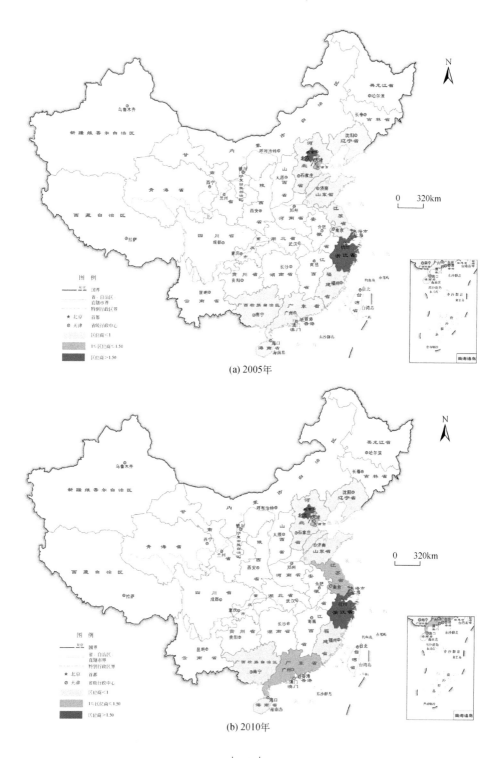

(a) 2005年

(b) 2010年

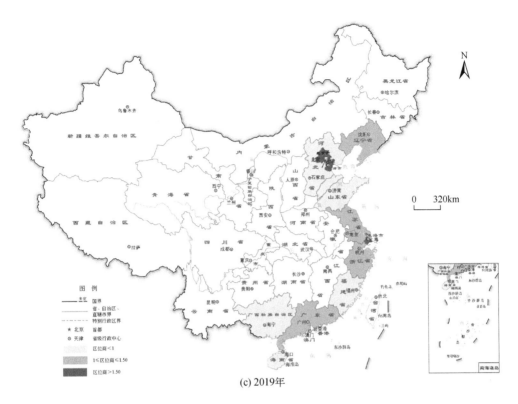

(c) 2019年

图 1-16　沿海地区金融业集聚程度空间格局图

三、经济向沿海地区集聚驱动机制初步探讨

新古典贸易理论和经济地理理论认为，自然条件、劳动力和技术等外生资源禀赋的空间分布差异性导致产业区位在选择过程中往往趋向于地理条件具有比较优势的地区。而新经济地理学引入新贸易理论的收益递增与交通成本节约对产业空间集聚自我强化的假说，强调了地区的企业数量、人力资本、市场规模、交通运输条件（Demurger，2001）等内、外生经济因素对产业集聚所起的重要作用，并试图阐释传统经济地理理论难以说明的偶然条件下产业向某一特定地区集聚的本质原因，从而提出产业集聚的外部效应、市场需求关联效应和产业成本关联效应对产业地理集中过程的循环累积机制：由于大量企业不断向某一区域持续集聚，产品的供给、库存及中间投入品和运输成本进一步降低，企业利益增加，从而进一步吸引其他企业集聚，产生外部效应；由于企业向某一区域的持续集聚，劳动力、生产要素需求也随之增加，从而刺激了本地和外地消费者市场扩大，形

成具有较大市场规模的区位，促进了相关产业进一步地理集中与生产分工，产生需求关联效应；企业临近消费市场集中分布，在最小化了产品从生产据点到消费市场的运输成本的同时，伴随劳动力供给的增加，劳动力市场名义工资率也降低了，产生成本关联效应。

制度变迁对经济集聚也具有报酬递增和自我强化的机制，国家经济政策影响并约束着经济自由度和个人行为特征，进而影响经济效益，具有较强的非易性、连续性与渐进性，与制度相关的区域利益集团具有保持制度变迁持续下去的推动力，从而经济活动在空间上呈现出明显的路径依赖特征。

基于以上经济地理、新经济地理和制度经济学视角，本节以产业收益递增和自增强机制为切入点，从地理区位条件、产业集聚的外部效应、劳动力资本、需求市场规模、交通运输条件、经济发展政策 6 个维度探讨经济活动向沿海地区集聚的作用机制。

（一）模型构建

为定量检验上述 6 个维度对经济集聚的影响，本节构建了以下计量模型：

$$P_{\mathrm{GDP}_{it}} = a_0 + a_1 \mathrm{EG}_{it} + a_2 \mathrm{NEG}_{it} + a_3 \mathrm{EP}_{it} + \mu_i + \varepsilon_{it} \tag{1-3}$$

式中，$P_{\mathrm{GDP}_{it}}$ 为第 i 个区域第 t 年度地区 GDP 占当年全国 GDP 的比例；EG_{it}、NEG_{it} 和 EP_{it} 分别为第 i 区域第 t 年度经济地理变量、新经济地理变量和经济政策变量；μ_i、ε_{it} 分别为第 i 区域不可观测的地区效应参数、第 i 区域第 t 年度不可观测的随机误差项。

（1）经济地理变量。引入沿海地区虚拟变量（Coast）来检验沿海地理区位对经济集聚的影响。已有研究证明，东部地区相较于中、西部地区更具临近国际市场的地理区位条件，基础设施更为完善、经济积淀更加雄厚（魏后凯，2002；王小鲁和樊纲，2004），而中部和西部的区位优势与历史积淀则并不显著，因此将沿海地区赋值为 1，将非沿海地区赋值为 0。

（2）新经济地理变量。用地区企业法人数量占全国企业法人数量比例（Firm）作为衡量产业集聚的外部效应的指标。引入地区人均受教育年限与各年全国均值之比（Education）表征地区劳动力资本水平，其计算公式为 $\mathrm{Education}_t = (6h_{1,t} + 9h_{2,t} + 12h_{3,t} + 15h_{4,t} + 16h_{5,t})/100$，式中，$h_{j,t}$ 为历年每百个地区劳动力中各级文化层次上的人数，具体如下：$j=1$ 为小学，学制 6 年；$j=2$ 为初中，学制 9 年；$j=3$ 为高中，学制 12 年；$j=4$ 为大专，学制 15 年；$j=5$ 为本科及以上，学制 16 年。引入各年各地区人均 GDP 与同期全国均值之比（Per_GDP）和各地区人口城镇化率与同期全国均值之比（Urban）来度量一个地区的需求市场规模。使用各地区公路密度（Road）、铁路密度（Railway）、内河航道里程占全国比例

（Waterway）、沿海港口吞吐量占全国比例（Port）来表征地区主要交通运输条件。

（3）经济政策变量。在我国经济体制由计划经济向市场经济转轨的过程中，经济发展受政策影响具有路径依赖的特征。本书主要从地区对外开放程度与政府经济干预程度两方面入手，引入地区出口总额占地区 GDP 比例与相应的全国均值之比（Export）、地区实际利用外商直接投资占全国实际利用外商直接投资总额之比（FDI）两个指标表征地区对外开放程度；引入扣除科、教、文、卫、国防和外交经费后的政府支出余额占地区 GDP 的比例（Government）及优惠政策虚拟指标（Policy）来表征政府经济干预程度，其中主要年份优惠政策虚拟指标赋值见表1-5。

表 1-5 我国各地区优惠政策虚拟指标赋值情况

地区	1978 年	1980 年	1985 年	1990 年	1995 年	2000 年	2005 年	2010 年
安徽	0.0	0.0	0.0	2.0	2.0	2.0	2.0	2.0
北京	0.0	0.0	0.0	2.0	2.0	2.0	2.0	2.0
福建	0.0	3.0	3.0	3.0	3.0	3.0	3.0	3.0
甘肃	0.0	0.0	0.0	1.0	1.0	1.5	1.5	1.5
广东	0.0	3.0	3.0	3.0	3.0	3.0	3.0	3.0
广西	0.0	0.0	1.0	2.0	2.0	2.0	2.0	3.0
贵州	0.0	0.0	0.0	1.0	1.0	1.5	1.5	1.5
海南	0.0	0.0	0.0	3.0	3.0	3.0	3.0	3.0
河北	0.0	0.0	1.0	2.0	2.0	2.0	2.0	3.0
河南	0.0	0.0	0.0	1.0	1.0	1.0	1.0	2.0
黑龙江	0.0	0.0	0.0	2.0	2.0	2.0	2.5	2.50
湖北	0.0	0.0	0.0	2.0	2.0	2.0	2.0	2.0
湖南	0.0	0.0	0.0	1.0	1.0	1.0	1.0	2.0
吉林	0.0	0.0	0.0	2.0	2.0	2.0	2.5	2.5
江苏	0.0	0.0	2.0	2.0	2.0	3.0	3.0	3.0
江西	0.0	0.0	0.0	1.0	1.0	1.0	1.0	2.0
辽宁	0.0	0.0	1.0	2.0	2.0	2.0	3.0	3.0
内蒙古	0.0	0.0	0.0	2.0	2.0	2.0	2.0	2.0
宁夏	0.0	0.0	0.0	1.0	1.0	1.5	1.5	1.5
青海	0.0	0.0	0.0	1.0	1.0	1.5	1.5	1.5
山东	0.0	0.0	2.0	2.0	2.0	2.0	2.0	3.0
山西	0.0	0.0	0.0	1.0	1.0	1.0	1.0	2.0
陕西	0.0	0.0	0.0	1.0	1.0	1.5	1.5	1.5
上海	0.0	0.0	2.0	3.0	3.0	3.0	3.0	3.0
四川	0.0	0.0	0.0	2.0	2.0	2.0	2.0	2.0
天津	0.0	0.0	2.0	2.0	2.0	2.0	2.0	3.0

续表

地区	1978 年	1980 年	1985 年	1990 年	1995 年	2000 年	2005 年	2010 年
新疆	0.0	0.0	0.0	2.0	2.0	2.0	2.0	2.0
云南	0.0	0.0	0.0	2.0	2.0	2.0	2.0	2.0
浙江	0.0	0.0	2.0	2.0	2.0	3.0	3.0	2.0
重庆	—	—	—	—	—	2.0	2.0	2.0

注：西藏自治区、港澳台地区因数据缺乏，未纳入统计范畴

将 1978 ~ 2019 年各地区相关具体指标值分别代入 EViews 6.0 软件进行面板数据的 Hausman 回归分析，构建了 4 个计量模型，各模型检验结果及自变量因素回归系数见表 1-6。其中，模型（1）是包括所有自变量的个体随机效应模型，模型（3）是在模型（1）的回归分析基础上剔除了不具有显著性的 Education、Railway 两个变量后建立的个体随机效应模型。结果显示，模型（3）并没有改变模型（1）的基本估计结果，即模型（1）具有统计学意义；对模型（1）进行 Hausman 检验，结果显示，拒绝个体效应与回归变量无关的原假设，应建立个体固定效应模型，为此，本书又构建了个体固定效应模型（2），其确定性系数（R^2）为 0.994，远高于模型（1）、模型（3），说明验证模型有效，在模型（2）的回归结果基础上，剔除不具有显著性的 Education 变量后建立了模型（4），结果显示，模型（4）并没有改变模型（2）的基本估计结果，即模型（2）具有稳定性，但由于模型（2）作为固定效应模型往往对随时间不变的解释变量（Coast）做消除处理，故未将这类变量引入模型。基于以上考虑，采用模型（2）来讨论实证研究的发现，并参考模型（1）中经济地理因素的回归系数以弥补模型（2）的不足。

表 1-6 Hausman 回归分析结果

因素		模型（1）：个体随机效应模型	模型（2）：个体固定效应模型	模型（3）：剔除部分不显著因素后的个体随机效应模型	模型（4）：剔除部分不显著因素后的个体固定效应模型
经济地理因素	Coast	0.006 ** (0.003)		0.006 ** (0.002)	
新经济地理因素	Firm	0.127 *** (0.022)	0.075 *** (0.026)	0.146 *** (0.022)	0.074 *** (0.026)
	Education	0.004 (0.004)	0.004 (0.004)		
	Per_GDP	0.010 *** (0.001)	0.014 *** (0.001)	0.010 *** (0.001)	0.015 *** (0.001)

续表

因素		模型（1）：个体随机效应模型	模型（2）：个体固定效应模型	模型（3）：剔除部分不显著因素后的个体随机效应模型	模型（4）：剔除部分不显著因素后的个体固定效应模型
新经济地理因素	Urban	0.002 ** (0.001)	0.002 * (0.001)	0.002 ** (0.001)	0.002 * (0.001)
	Road	−0.712 *** (0.251)	−0.938 *** (0.253)	−0.448 (0.206)	−0.981 *** (0.249)
	Waterway	0.048 ** (0.017)	0.078 *** (0.023)	0.050 *** (0.017)	0.081 *** (0.023)
	Railway	0.203 (0.141)	0.282 ** (0.142)		0.286 ** (0.142)
	Port	0.039 *** (0.014)	0.082 *** (0.017)	0.085 *** (0.014)	0.085 ** (0.017)
经济政策因素	FDI	0.044 *** (0.006)	0.040 *** (0.006)	0.048 *** (0.006)	0.040 *** (0.006)
	Export	0.006 *** (0.005)	0.025 *** (0.006)	0.006 *** (0.004)	0.025 *** (0.006)
	Government	−0.001 *** (0.000)	−0.002 (0.000)	−0.001 *** (0.000)	−0.002 *** (0.000)
	Policy	0.001 * (0.000)	0.001 ** (0.000)	0.001 (0.000)	0.001 ** (0.000)
常数项		0.013 *** (0.004)	0.020 *** (0.000)	0.016 *** (0.002)	0.024 *** (0.000)
R^2		0.569	0.994	0.577	0.993
S. E. of regression		0.003	0.002	0.003	0.002
F-statistic		38.123	1541.576	49.707	1617.650
Prob（F-statistic）		0.000	0.000	0.000	0.000

注：系数下方括号内数值为标准差，*** 表示在 1% 水平上显著，** 表示在 5% 水平上显著，* 表示在 10% 水平上显著

（二）结果分析

（1）经济地理因素的作用。伴随经济全球化、空间扁平化及生产自动化的日益深入，原料地对企业区位选择、集中布局的影响逐渐减弱，而临近国际贸易

市场、占有广阔通达腹地的区位因素日趋重要。沿海地区作为我国承接国内外市场贸易的门户，具有明显的地理区位优势，尤其是其便捷的港运体系，使之成为全国乃至全球产品供应链枢纽和对外开放门户，加速国内外经济要素向沿海地区累积汇集，沿海地区逐步发展成为国家主动组织和参与国际经济贸易活动的经济集聚高地与综合服务平台。

（2）新经济地理因素的作用。本节用地区企业法人数量占全国比例衡量外部效应对经济集聚的作用，结果显著为正。截至2019年，企业法人数量占全国比例超过5%的地区由高到低依次是江苏（11.61%）、广东（10.53%）、山东（9.09%）、浙江（8.75%）、上海（5.75%）、北京（5.43%），6个地区企业法人数量占到全国的51.16%，12个沿海地区整体企业法人数量也占到全国的67.34%（图1-17）。企业向沿海地区集聚，促使在这一区域范围内出现专业化市场，为经济集聚的形成创造了重要的市场交易条件和信息条件。

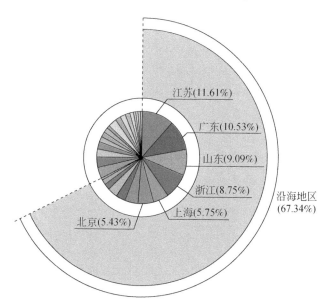

图1-17　地方企业法人数量占全国比例超过5%的沿海地区（2019年）

人力资本对经济集聚作用不显著，这主要是因为中国整体仍处于工业化加速阶段，技术密集型产业虽然呈现高度密集分布的特征，但对高素质人力资本需求却没有形成规模集聚效应，高素质人力资本的空间集聚特征不明显，人均受教育年限最大的地区为北京，为11年，仅高于全国平均水平（8.5年）2.5年。

城市是地区经济增长、生产效率提升、经济空间集聚的重要推动实体，区域城镇化与经济地方化发展具有相互作用、相互促进的联动性特征，其表现是，在城镇化地区开放的系统环境下，城市所具有的基本和非基本功能禀赋均为产业规模发展、集中布局提供了经济要素配置、基础服务配套、科学技术创新，以及管理体制改革等重要支撑，从而加快了经济流体由外向内集聚渗透，促使地区产业聚集的总体水平提高。回归分析结果基本印证了上述推论，地区城镇化水平的提升对地区经济集聚表现出促进作用，但这一作用并不显著，这与我国城镇化长期落后于工业化的不协调关系密切相关，由于过度追求高速度、高投入、低效率的经济产出，城镇化在推进经济增长中的聚合作用被忽视了。

地区交通设施中铁路密度增加、内河航道里程增加对经济空间集聚具有明显的促进效应，而行政区内单位面积公路里程增加及运输通信服务业发展则显现出明显的抑制效应。改革开放以来，在很长的一段时期内，水运和铁路两种运输方式在我国国民经济发展过程中起到了举足轻重的作用，1978～2019年两类交通运输方式平均承担了我国85%以上的货物周转量，为此，地区铁路设施和水运体系健全、完善对地区经济要素集聚具有推进作用，但铁路交通运输货物比例却呈现递减的态势，水运运输货物在2008～2019年全社会货物周转量中的占比也出现了大幅度减少的态势；公路运输承担着越来越大的货运比例，这不仅有利于经济要素向内陆地区扩散，也抑制了地区经济生产对铁路、水运两种运输方式的过度依赖，从而对经济集聚具有抑制作用。

（3）经济政策因素的作用。对外开放对于经济集聚有着显著的正影响，表明出口导向型经济、外商投资型经济发展策略对经济集聚有推动作用。从空间分异特征来看，沿海地区FDI、Export指标一度达到90%，直到近几年伴随我国中西部地区开放程度的不断深入，沿海地区FDI指标才逐渐回落，但仍然在60%以上，Export指标依然保持在90%左右。外资企业和出口导向型企业在沿海地区的大规模进入，在为当地引进先进技术、资金及管理经验的同时，也促使当地相关产业规模不断壮大。

政府对于经济活动的财政参与程度与经济集聚水平之间呈不显著的负相关，说明政府直接参与地方经济活动过程中的资源配置，从长远来讲，具有抑制外部规模效益的作用。以2019年为例，从地方政府直接用于参与地方非公益性经济支出占全国政府支出的比例来看，沿海地区除上海之外，均低于全国平均水平（73.9%）和西部地区（75.8%），呈现了经济集聚程度越高的地区政府直接用于非公性经济支出所占比例越低的特征；然而地方经济发展的优惠政策出台鼓励了地方经济迅速发展，对经济空间集聚起到了明显推动作用。

第三节　经济向海集聚对岸线资源的影响

受全球自然环境过程与人类活动的综合影响，海岸带地区资源环境发生剧烈的变化，并对生态、环境及经济社会产生了巨大影响。更为突出的是，在中国这样的新兴经济体国家中，海岸带地区成为近年来影响地球环境强度最大的区域（Martínez et al.，2013），其资源环境时空演化、驱动机制相关研究越来越重要和紧迫。

海岸线作为海岸带一种特有而关键的资源要素，具有独特的地理、形态和动态特征，是国际地理数据委员会（International Geographic Data Committee，IGDC）认定的 27 个地表要素之一（Mujabar and Chandrasekar，2013）。在全球范围内，海岸线开发速度日益加快，致使海岸带地区自然生态用地逐步被工业、港口、水产养殖业、农业和城镇用地所代替（Wu and Gopinath，2008；Marshall et al.，2010；Souza and Silva，2011），海岸线资源均发生不同程度的改变，尤其是在北美、西欧等经济发达地区及亚洲新兴经济体国家，自然岸线改变程度较大。

中国拥有 3.2 万 km 海岸线，其中大陆海岸线 1.8 万 km，岛屿海岸线 1.4 万 km（范晓婷，2008）。改革开放政策逐步将中国对外开放格局由 1980 年的沿海 4 个经济特区扩展到 14 个沿海开放城市，再扩展到现在的沿海开放地带，促进了人口、经济向海岸带的集聚，也推动了中国经济的高速增长。当前，中国沿海地区（按省、自治区和直辖市来统计）土地面积占全国 13.53%，人口、经济和外贸占全国的比例分别为 44.78%、63.94% 和 87.27%。大规模的围海造田、城镇港口和工业园区建设、旅游开发、水产养殖等人类活动，致使近海海域污染严重、原生性景观资源持续减少、生态服务功能日趋弱化。据统计，截至 2012 年，我国自然岸线仅存 8006.34km（表 1-7），较 1990 年减少了 3510.13km（张云等，2015a），填海消失的港湾岛屿已达 806 个，近海域生态和环境呈现恶化趋势。此外，《2014年中国海洋环境状况公报》显示，沿海地区 70% 的原始红树林丧失，81% 实施监测的近岸河口、海湾的典型海洋生态系统处于亚健康和不健康状态；重点监测的 44个海湾中，20 个海湾春季、夏季和秋季均出现劣于Ⅳ类海水水质标准的海域。因此，像以往忽视海岸带地区的开发强度、开发模式与资源环境承载力的相互关系，忽视海岸带各类资源和生产生活空间的合理布局，继续对海岸线进行大规模开发可能对海岸带地区生态格局安全产生极大的破坏（孙伟和陈诚，2013；张晓祥等，2014；张云等，2015b；张君珏等，2015）。

表 1-7　我国大陆海岸线长度　　　　　　　　　（单位：km）

岸线类型	海岸线长度								
	1990 年	2000 年	2002 年	2007 年	2008 年	2009 年	2010 年	2011 年	2012 年
自然岸线	11 516.47	9 681.59	9 279.71	8 980.91	8 651.77	8 301.83	8 136.65	8 085.56	8 006.34
人工岸线	6 362.32	8 470.05	8 774.26	9 383.09	9 730.86	10 167.23	10 378.36	10 733.16	11 027.16

续表

岸线类型	海岸线长度								
	1990 年	2000 年	2002 年	2007 年	2008 年	2009 年	2010 年	2011 年	2012 年
河口岸线	156.06	146.36	142.42	137.30	133.17	130.84	129.75	127.98	127.23
合计	18 034.85	18 298.00	18 196.39	18 501.30	18 515.80	18 599.90	18 644.76	18 946.70	19 160.73

未来，我国海岸带地区城镇化、工业化快速推进的态势将不会改变，自然岸线资源保护压力与陆域空间资源紧缺的局面也不会有明显的改观。同时，随着人们生活水平的提高，生态安全和环境质量越来越成为居民、社会和政府共同关注的重大问题。中共中央十八届五中全会通过的《中共中央关于制定国民经济和社会发展第十三个五年规划的建议》明确指出"有度有序利用自然，调整优化空间结构，划定农业空间和生态空间保护红线，构建科学合理的城镇化格局、农业发展格局、生态安全格局、自然岸线格局"。"自然岸线格局"首次被写入国家五年规划中，从而弥补了中国长期以来对岸线资源保护与利用缺失长远的战略格局设计和战略指引的缺陷，这将在优化国土空间开发格局、生态文明建设等方面产生深远影响（樊杰，2016）。

长期以来，在中国人文-经济地理学快速发展与重大转型过程中，虽然涌现了大量极具创新性、实践性、典型性和开放性的空间结构理论与优化模式，但大多数学术成果较多地建立在广阔的陆域空间，海岸带地区作为当前人类活动最频繁，以及生态环境最敏感、最脆弱的地域空间，其阶段性资源环境状态和开发程度的诊断和预警、区域经济发展与自然岸线格局演变之间相互关系的认知和揭示，以及其未来发展情景的科学预测和模拟等方面的研究依然不足，从而无法有效地满足我国海陆国土空间统筹开发、协调布局与生态文明全面建设的民族重大应用需求。为此，无论是我国经济社会发展的现实需求，还是人文-经济地理学发展的内在需求，都越来越彰显出对海岸带地区及岸线功能格局刻画、演化过程表达与发展机理体系化研究的重要性和紧迫性。

| 第二章 | 区域经济向海集聚机制分析

如何认识经济向海岸带集聚的驱动机制，是人文–经济地理学揭示这一现象内在成因的核心创新点。影响机制的归纳与刻画是一项综合性的系统集成研究工作，要将机理过程阐释得更为清晰、合理，除探究的技术路径应具有严密的逻辑性和系统性之外，我们还应关注不同影响因素的特殊性和差异性，能在诸多繁杂的因素中突显关键因素的作用途径和影响机制。通过对经济集聚影响因素的理论阐述和实证检验可知，海岸带经济集聚主要受两种因素影响：直接因素和间接因素。其中，直接因素主要包括资源使用效率和自然资源、劳动力、物质资本等传统经济要素的投入，而间接因素则包括技术创新和制度创新两个方面。在认识到如此之多的影响因素之后，哪些影响因素在经济活动向海岸带地区集聚过程中起到了重要的作用？这些因素又是如何产生、演化并对经济活动产生影响的？以上问题探究构成了本章的核心内容。

区域经济增长与空间集聚的决定因素在已有经济理论的演化进程中表现出了明显的转变，研究重点逐步由直接因素的作用机制研究转向间接因素的作用机制研究，由多因素决定论转向某一特殊因素决定论。转变的根本原因在于经济全球化、市场化和自由化大大促进了直接要素跨区域流动，普遍改善了区域间直接要素资源的供需关系，地区在资源要素禀赋上的"先天"不足也不再是限制地区发展的主要"短板"。世界范围内，具有临近世界市场区位优势，以及技术创新优势和制度创新优势的海岸带地区成为经济增长速度最快和空间活动最密集的地区，经济全球化在其中如何影响企业原料地、市场空间分布与产业链构建？海岸带地区又是如何应对经济全球化带来的机遇，凭借自身发展优势，承载经济活动的持续集聚？这成为海岸带经济集聚机制研究中值得商榷的科学命题。

综上所述，本章拟在明确海岸带地区产业成长与经济增长的基本要素构成后，构建海岸带经济要素集聚的新经济地理模型，重点刻画经济全球化、海洋运输业发展，以及港–城组合对海岸带经济集聚的作用机制。

第一节　海岸带经济集聚的基本
要素及经济地理模型

海岸带地区是人口、经济高度集中的地带，其地区经济主要以国际市场为导向，以港口运输为纽带，以港-城空间为依托，以临港产业集群为形态，优越的地理区位条件与雄厚的经济基础持续吸引经济要素向本地集聚。海岸带作为特殊的地理区域范畴，其产业系统的成长和演变既有产业演化的一般特点，又有其自身的特殊性。我国仍处于工业化中期阶段，因此工业化是海岸带地区不可逾越的发展阶段。而在工业化发展过程中，处于不同发展阶段的地区，其产业发展所需生产资料也呈现明显的不同，基本要素配置比例也有所差异。

一、海岸带产业成长和集聚的时序过程

在社会经济发展的不同阶段，海岸带地区产业系统的内涵也不断变迁。本书根据工业化发展阶段，将海岸带开发阶段划分为工业化未开发阶段、工业化起步阶段、工业化深化阶段和后工业化阶段（图2-1）。

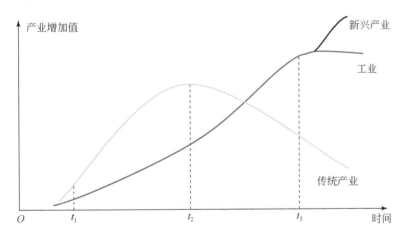

图 2-1　海岸带地区产业演变的时序过程

（1）工业化未开发阶段（t_1 时期之前）。这一时期，地区经济发展和产业成长主要依托本地自然资源，重点发展资源-劳动密集型产业，以森林砍伐、农业、海洋渔业、采矿业等传统产业为主，以小港口运输和加工制造业为辅，产业增加值较低，经济增长缓慢。

（2）工业化起步阶段（$t_1 \sim t_2$ 时期）。伴随海上贸易业和航运业的同步出现，港口经济的发展促进高附加值产业向海岸带地区汇集，不同产品市场规模的扩张和产业间经济效益的差距促进了制造业、加工业等产业的崛起。

（3）工业化深化阶段（$t_2 \sim t_3$ 时期）。伴随海岸带地区传统农林牧渔业产品的需求趋于平稳和初级资源的日益衰竭，传统产业无法规模化生产，同时全球产业结构转换，海上贸易业和航运业同步兴起，港口设施快速兴建和扩张，极大地促进了较大规模资本和企业持续向海岸带地区集聚，并逐渐取代传统产业，成为地区经济发展的主导驱动力。

（4）后工业化阶段（t_3 时期之后）。随着产业技术信息化、网络化发展，以及生产要素全球化自由流动加速，高级生产要素尤其是知识与资本要素日益向海岸带地区积累，并通过海岸带区内要素优化，突破了海岸带地区资源、能源、人才等要素瓶颈，实现了海岸带地区高新技术和特色产业的大范围融合，使得滨海旅游、海洋化工、海洋生物医药等新兴产业成长起来。

二、海岸带产业成长和集聚的生产要素

处于不同工业发展阶段的地区，其主要集聚的生产要素也有所差异（图 2-2）。

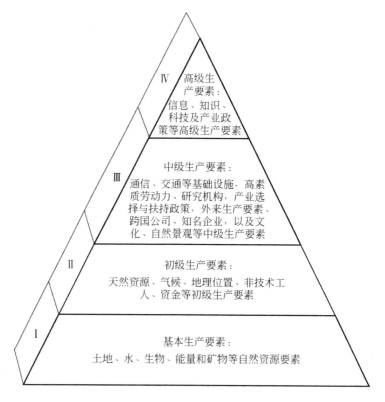

图 2-2　不同工业化阶段海岸带地区主要集聚的生产要素

第 I 阶段：工业化未开发阶段。海岸带地区主要存在农业、林业、牧业、采掘业和渔业等经济活动，其中渔业对其地区经济发展具有重大意义，并成为当地

国民经济的主导产业，为地区发展提供了食品、就业机会和外汇，也促进了渔民数量的迅速增长和投资额度的大幅度上升，产业集聚特征明显。因此，这一时期，产业成长和经济集聚的基本要素主要依赖本地基本生产要素。

第Ⅱ阶段：工业化起步阶段。伴随初级生产要素带来的资金、劳动力等要素的积累，以及航运技术、养殖技术和冷藏技术的发展，海岸带地区农副产品加工业、矿产加工业、港口运输业及制造业逐步发展，加快了地区剩余劳动力向非农产业的转移，也为地区工业化发展奠定基础。这一时期，海岸带地区经济发展仍需传统产业带动，经济集聚的基本要素为本地初级生产要素。

第Ⅲ阶段：工业化深化阶段。经济全球化促进了生产要素的跨区域、跨国际流动，海岸带地区凭借自身地理区位、资源禀赋优势和经济基础，通过地区交通、通信设施建设，以及地区投资环境改善，吸引最具流动性的劳动力和资本向本地集聚，从而极大地推动了地区工业化的快速发展，并且通过地区文化、自然景观要素开发与旅游设施配套，逐步壮大旅游休闲业。这一时期，海岸带地区经济发展主要依靠工业带动，经济集聚的基本要素除本地初级生产要素之外，通信、交通等基础设施，高素质劳动力、研究机构，生产选择及扶持政策，外来生产要素、跨国公司、知名企业，以及文化、自然景观等中级生产要素也逐渐转入，并成为支撑地区经济发展的重要因素。此外，产业政策也成为这一时期推动区域产业成长最为重要的制度因素（晏维龙，2012）。

第Ⅳ阶段：后工业化阶段，产业成长不仅需要大量的物质资本积累，更需要知识资本的积累。这一时期，在海岸带地区产业发展过程中，主导产业逐渐由工业转向技术和知识附加值较高的产业，如海洋化工、海洋生物医药等新兴产业。这一时期，集聚的生产要素除了自身资源禀赋、资本、知识之外，还需产业政策，用以引导区域优势资源高效开发、产业结构转化升级。

通过第一章第二节的研究，可以得知我国海岸带地区仍处于工业化深化阶段，即工业发展在一个地区国民经济中发挥着主导作用，这就决定了我国海岸带地区产业成长与经济集聚受经济全球化影响。这一阶段经济集聚的影响要素主要为通信、交通等基础设施，高素质劳动力、研究机构，外来生产要素、跨国公司、知名企业，以及文化、自然景观等中级生产要素。与此同时，信息、知识、区域产业政策等高级生产要素将对海岸带经济集聚发挥日益重要的作用。

三、海岸带经济集聚的主要机制

按照区域经济发展规律，海岸带地区经济集聚必须依靠生产要素的持续投入，以及产品、服务的不断产出，且受到要素禀赋、外部性、规模经济、市场需求、运输成本及"偶然机会"等一系列繁杂机制的影响。基于已有研究结论，为进一步深化研究层次及拓展研究视野，拟从经济全球化、海洋运输业发展、港–城组合优势发挥三个角度阐释海岸带经济集聚的驱动机制。为了保证研究视角的科学性、合理性，根据上文对新经济地理模型及其数值模拟的结论，提出以下推论作为机制研究的基础。

（1）经济全球化力量代表的是技术、资本等生产要素的自由流动，可以促使生产要素跨越时空障碍，缩小区域之间产品生产与销售空间的分布距离，减少商品生产地与销售市场之间的时空距离，利于生产要素和经济活动在更大范围内向海岸带地区集聚。

（2）为实现经济全球化过程中生产要素的跨时空流动，海岸带地区立足地理区位条件，具有内陆无法比拟的海洋运输优势，从而大大降低了区域间产品运输成本，为全球化过程中商品运输效率的提高提供了必要条件和支撑，进一步加速了经济活动向海岸带集聚。

（3）在参与经济全球化发展过程中，海岸带地区凭借港–城组合优势，吸引大型化工业和人口沿海布局，并逐步形成规模经济和集聚经济，经济外部性的持续发挥加快了经济活动向海岸带地区的不断集聚。

第二节　经济全球化对经济集聚的影响

经济全球化的核心内涵是要素跨国流动（范云芳，2009），并在全球范围内实现优化配置（罗肇鸿，1998；余永定，2002），从而大幅提升商品生产效率。当前，世界经济体系在经历了"中心—外围阶段""垂直分工阶段""水平分工阶段"之后，开始进入"要素合作阶段"（图2-3），随之，普遍的要素流动和跨国要素组合使生产出口产品的国家属性淡化，产品的生产者不再是主要生产要素的所有者。在此背景下海岸带地区凭借临近世界市场、拥有便利交通的地理优势，率先成为全球经济体系中的对外开放区，大范围集聚区内外生产要素，逐渐成为全球经济生产体系的有机组成部分；同时，海岸带地区也是经济全球化下生产要素高度汇集、经济生产贸易集中的地区，其发展水平和繁荣程度越发深刻影响着世界经济的运行特征。

图2-3　世界经济体系分工经历的四个阶段

一、经济全球化下生产要素集聚机制

生产要素的国际流动往往具有非均衡性特征，即在特定的某些国家或地区集聚，并使之成为全球价值链的参与者。此外，生产要素的国际流动也存在着结构性偏向，主要表现为资本、技术、高素质人才、核心部件等高级生产要素极易流动，而一般劳动力、土地、一般性自然资源等低级生产要素流动不充分甚至基本不流动。由此，生产要素国际流动方向主要表现为从具有高级生产要素的国家或地区（A）向具有较低级生产要素的国家或地区（B_1、B_2、B_3）流动（图2-4）。要素流动的结构性偏向又导致了集聚主体的结构性偏向，即表现为具有高级生产要素的国家的流出要素以资本、技术为主，具有低级生产要素的国家或地区则承担起生产加工和出口的功能，继而成为世界工业生产基地和出口基地。另外，在地区生产效率不断提高和外部要素持续流入过程中，拥有低级生产要素的国家或地区（B_1、B_2、B_3）又形成了经济外部效应，即国家或地区经济规模扩大→投资机遇增加→外部要素流入→经济规模更加扩大→投资机遇继续增加→外部要素更多流入，最终形成国家性或全球性经济集聚地区。

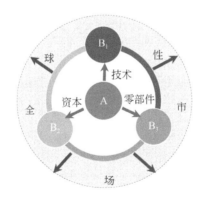

图2-4　经济全球化背景下生产要素集聚机制示意图

二、经济全球化下海岸带地区生产要素集聚机制

对于发展中国家而言，其沿海地区受世界经济体系影响，其中大多地区处于"要素合作阶段"。以我国为例，海岸带地区土地资源、劳动力资源相对丰富，生产投资环境较为稳定，拥有比内陆地区更为优越的生产要素集聚能力与承载空间。尤其是改革开放以来的相关政策，消除了要素向境内流入的政策障碍，同时

体制机制创新及投资环境改善，使广域的全球性生产要素形成强大的引力场和生产结节区域。具体来讲，经济全球化过程中，经济活动向我国海岸带地区集聚的主要机制如下（图2-5）。

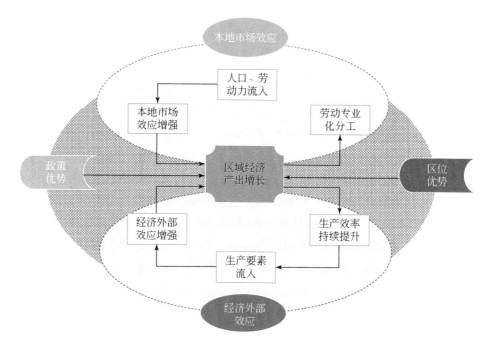

图2-5　经济全球化下海岸带地区生产要素集聚机制示意图

（1）海岸带地区凭借自身地理区位与开放政策优势，率先利用国内外两种资源两种市场，立足自身优越的资源环境承载力，持续吸引其他地区生产要素集聚，成为我国经济活动最为集中的地区。

（2）除受区位与政策优势影响之外，海岸带地区由于率先得到发展，在技术创新、生产效率、基础设施配套等方面均较其他内陆地区更具优势，从而吸引大量区内外生产要素持续流入，并在循环累积的路径效应下，形成外部规模经济效应（陈良文和杨开忠，2007）。

（3）伴随海岸带地区经济的快速发展和不同类型企业持续集聚，劳动分工也越来越细致、紧密，消费者多样性偏好日益得到满足，劳动力为追求更高的经济利益和生活品质，不断在海岸带地区集聚，又进一步拉动地区消费市场发展，促进地区生产体系完善和生产力提高，形成本地市场效应。

基于以上机制分析，在完善的区内外物流网络和初始的倾斜政策支持下，海岸带地区经济率先发展，并在经济外部效应和本地市场效应作用下，最终成为我国经济集聚地区。

三、经济全球化下海岸带地区生产网络组织模式

在明确经济全球化下生产要素集聚机制及我国海岸带地区生产要素集聚机制之后，经济全球化背景下经济生产要素和经济活动的地理集中对海岸带地区生产网络有什么作用就成为研究经济全球化对区域经济空间结构影响的落脚点。

伴随经济全球化在世界范围中的垂直深化与水平扩展，地理区位不但没有像一些学者所秉持的"消失论"那样变得无足轻重（Bryson et al., 1999；Castells, 1996a；Held et al., 2000），反而使经济要素的地理集聚更为突出（Genosko and Joachim, 1997；Scott, 1998；Dicken, 2000；Porter, 2000；鲁格曼, 2001；陆大道, 2003；马丽等, 2004）。究其原因，任何一个经济主体的行为活动在受到全球化力量影响的同时，也受到地方化力量影响（Amin, 1997；李小建等, 2000）。

马丽等（2004）假设现有两个公司，一个是基于全球生产网络的跨国公司，一个是基于地方生产网络的地方性企业。其中，跨国公司为了占领更大的全球市场或降低生产成本，面向地方生产网络的战略选择主要有两个，进入或是不进入；而地方性企业为了走向全球市场，或学习新的技术和管理经验，面向全球生产网络的战略选择也只有两个，连接或是不连接。这样，这两个主体共有四种选择组合，并形成四种不同的结果（表2-1，图2-6）：连接扩展型、破碎融解型、成长壮大型、抵抗衰落型。

表 2-1　跨国公司与地方性企业行为博弈模型和空间结果

跨国公司行为选择	地方性企业行为选择	
	连接	不连接
进入	连接扩展型：跨国公司进行地方根植，与地方性企业建立生产联系，地方性生产网络与全球生产网络连接并扩展	破碎融解型：跨国公司将地方性企业吞噬，将之作为其全球战略组织的一部分（子公司和授权工厂）
不进入	成长壮大型：地方性企业积极扩张，通过各种渠道进入国际市场，发展成独立跨国型企业。地方性生产系统实现空间上的重组	抵抗衰落型：地方性生产网络依旧游离在全球生产网络之外，最后可能会逐步衰败而消亡

资料来源：马丽等（2004）

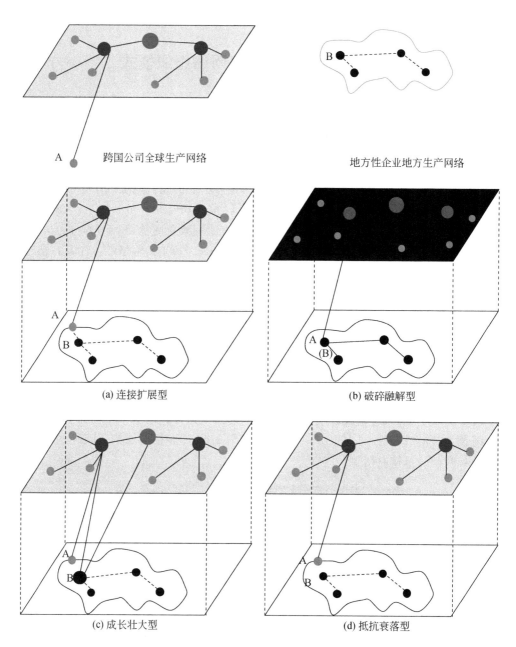

图 2-6　经济全球化下地方生产网络演进示意图

资料来源：根据马丽等（2004）研究成果改绘

第三节　海洋运输对经济集聚的影响

　　劳动力和生产要素空间分布的差异性是造成经济活动空间摩擦的直接原因，也是将运输成本纳入经济活动空间分布决定因素的重要诱因。经济活动的集聚主要取决于促使产业在区域集中的向心力和在区域扩散的离心力的博弈结果（李爱国和黄建宏，2006）。其中，向心力包括市场规模效应、流动性要素及经济外部效应等驱动力，而离心力则包括不具有流动性的资源、地租及非经济外部效应（Krugman，1993a）等驱动力，而这两种力量的大小又主要取决于地区之间的贸易成本或运输成本（姜丕军，2010）。"新经济地理理论"也认为，运输成本是经济空间集聚三大作用中最具决定性的因素（其他两个因素是规模经济、要素流动）（Krugman，1991a，1993b，1998）。基于以上分析，以运输成本为切入点，沿着海洋运输在经济学中发展的轨迹，研究其对海岸带地区经济集聚活动的影响。

一、运输成本对要素集聚的作用机制

　　伴随劳动地域分工、贸易自由化与市场全球化发展，交通运输承担着连接原料地、生产地和消费地的纽带作用，任何经济活动为克服时空距离，必然将运输成本作为自身空间区位选择和生产网络构建的重要参考与依据。即便是在信息和技术快速发展并成熟应用于交通运输体系中的当前，运输成本的明显下降也并不意味着生产活动与布局地点的选择不存在关系（Fujita and Thisse，2002）。

　　新经济地理学将运输成本在产业集聚中的作用机制概括为两种：本地市场效应和价格指数效应。假设 A 地区 B 产品的生产量和销售量占全国产量和销售量的比例越大，A 地区厂商销往本地区市场的产品损失比例相较于外地厂商越低，为此，由销售额决定的名义工资率相较于外地厂商也就越高（Fujita et al.，1999），这就是所谓的本地市场效应。此外，由于 A 地区 B 产品在国家生产和销售产品的份额较高，为支撑 A 地区 B 产业专业化发展，当地积极发展上下游产业，原材料供货商和商品消费商也随之集中于本地，从而降低了产品的运输成本，提高了劳动力的实际工资率，这就是所谓的价格指数效应。

　　在上述两种效应的作用下，运输成本的客观存在致使 A 地区具备高于其他地区的工资水平和生产效率，从而导致劳动力、企业进一步向本地集聚，即 A 地区向心力增长速度加快，向心力增强（图 2-7）；然而，随着相关企业的大量进入，虽然企业间运输时空距离缩短，运输成本降低，但 A 地区劳动力、土地等传统要素价格却逐渐升高，且企业之间的竞争关系日益凸显，盈利空间压缩，难以维系原有大规模的劳动力和生产规模，从而驱使产业向外扩散的离心力也逐渐增大，但整体来看，地区经济集聚向心力大于离心力，经济集聚程度逐渐增加。伴随运输成本的持续降低，其占产品成本比例逐渐降低，直至可以忽略不计，A 地区经济集聚的向心力和离心力均减弱，A 地企业的迁出动机（离心力）和外地企业的迁入动机（向心力）都减弱，但由于 A 地企业受资源要素有限性的限制及同行业竞争压力，在盈利困难的情况下其迁往外地的动机开始高于外地企业迁入 A 地的动机，即这一阶段，A 地区对经济集聚的向心力开始低于其离心力，A 地区经济集聚程度逐渐减弱。

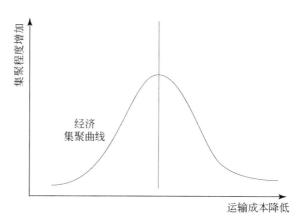

图 2-7 运输成本对要素集聚程度的影响示意图

二、海洋运输对海岸带经济要素集聚的作用机制

运输化是工业化的重要特征之一，是伴随工业化而产生的一种经济流动过程（荣朝和，1995），且人与货物空间位移的距离和规模由于运输技术进步而急剧扩大与增长，货运对象由以农产品和手工业产品为主转向以矿业能源、原材料、半成品和最终产品为主，运输方式也由原始人力、手工运输方式逐渐向现代化多种方式综合联运转变（图 2-8）。其中，海洋运输作为区际物流中最主要的运输方式，具有成本低、运距远、载运量大的特征，又具有连接国外市场的通达性，最能满足海岸带地区对外贸易发展需求（表 2-2），因而在区域工业化过程中起到了至关重要的连接生产地与市场的纽带作用。

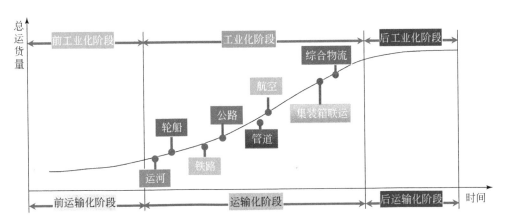

图 2-8 运输化与工业化发展阶段示意图

资料来源：作者据荣朝和（1995）改绘

表 2-2 常见交通运输方式对比分析

运输方式	成本构成/[元/(t·km)]	优势	劣势
铁路	0.1～0.15	载运量大、连续性强、行驶速度快	手续比较复杂，运输时需要在两头倒运和装卸车，需汽车倒运
公路	0.45～0.6	运输成本较高，但机动灵活性较大，连续性较强，适合中、短途运输	载运量较小，受天气、劳动力和交通条件影响较大
水运	运费最低	载运量大、运输成本低、破损率较低、灵活性强，运价有淡季和旺季之分	运行速度较慢、运输时间长，连续性较差
管道	0.21～0.25	载运量大、运输成本低，适合输送量大、货源稳定的原油和成品油	灵活性较差，建设里程有限
航空	运费最贵	破损率最低、速度最快	载运量较小，运输成本最高，手续比较复杂，需汽车倒运、受气候影响较大

资料来源：赵文娟（2017）；张雪芹和曹立新（2013）

从经济发达国家的发展历史来看，海洋运输在其工业化发展过程中所起的作用是不可替代的（图 2-9），如英国伦敦港、伯明翰港和利物浦港等港口是英国重要的原料输入和产品输出门户，其在英国工业革命中扮演着不可或缺的角色。20 世纪 70～80 年代，美国、日本交通运输方式也仍以水运为主，运输比例超过 30%。当前，伴随经济全球化与贸易自由化的日益深入，海洋运输在发展中国家发展最为迅速，载运量在 20 世纪 80 年代首次超过发达国家，并逐渐领先于发达国家（图 2-10），海洋运输成为承载经济要素流入与商品流出的重要交通方式。就全球而言，海洋运输承担着国际贸易总运量中 2/3 以上的运输量；就我国而言，海洋运输承担了进出口货运总量的 90% 左右，这也是诱发制造业和高素质劳动力持续流向我国海岸带地区并形成"海岸带—内陆"新"二元"空间结构的主要驱动力（林理升和王晔倩，2006）。

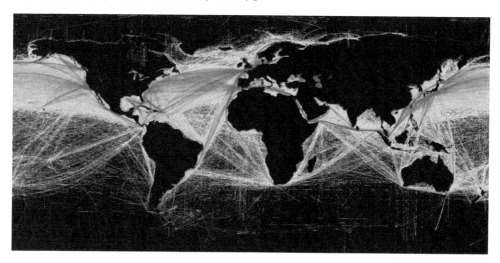

图 2-9　世界商船航线密度图

资料来源：http://www.nceas.ucsb.edu/globalmarine/impacts

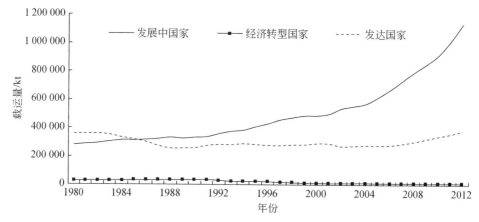

图 2-10　1980~2012 年发展中国家、经济转型国家和发达国家已注册商船载运量变化情况

海洋运输具有价廉而运量大的特点，是运输满足区域经济生产、基本建设、人民生活需要的能源、原材料及各种产品的主要运输方式。要明晰海洋运输发展

对海岸带地区经济集聚的机制,就要回答这样一个问题:为什么相关产业更容易向临港地区集中?这一问题的核心即港口发展对经济集聚的机制是什么。其核心答案是,港口是水陆运输的交汇点,依托港口发展产业可以降低运输成本,并且这一区位优势伴随港口功能的演变而逐步强化。

此外,港口是临港产业赖以存在和发展的基础,港口功能对临港产业的规模集聚具有决定性影响。联合国贸易和发展会议(United Nations Conference on Trade and Development,UNCTAD)报告将港口发展阶段分为四代,见表2-3。就我国而言,大部分港口处于第二代发展阶段,正向第三代发展阶段迈进,同时还逐步体现出第四代发展阶段的一些特征(吴永富,1997;惠凯,2004a)。现代港口日益成为区际物流系统的神经中枢,其功能逐渐从原来的海陆中转发展成为促进地区经济发展和服务国际贸易的区际物流中心。作为区内外经贸发展的催化剂,海洋运能对腹地产生巨大的商业辐射功能,诱发经济要素向本地集聚,具体来讲,其主要影响途径如图2-11所示。

表2-3 港口发展阶段及其特征

港口发展阶段	形成时期	港口特征
第一代	自发形成的早期港口	只是单一的运输中心,以一般杂散货为主,对城市生产和经贸往来起到了一定的促进作用
第二代	始于20世纪50年代	一些港口城市在货物运输基础上发展了货物交换甚至货物加工等产业,由此发展成为商业服务中心和工业生产中心
第三代	始于20世纪80年代	港口产业链的延伸趋势进一步加强,港口服务更加多样化,经销活动在港口收入中占的比例不断加大,港口城市朝着国际物流中心的方向发展
第四代	始于21世纪初	港口将产业链延伸到海洋经济、生态经济中,成为以信息化、生态化为主导的海洋经济后勤服务基地,而港口城市也将从国际物流中心发展为国际海洋中心

资料来源:苏德勤(1999)

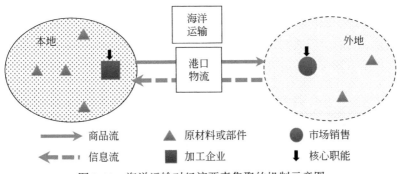

图2-11 海洋运输对经济要素集聚的机制示意图

在整个区际供应链中，海洋运输较低的运输费用和库存成本增加了商品的可贸易性，使临港地区成为最大量货物的集结点和最远市场半径的辐射点，为经济集聚创造条件。在由供应商、港口物流集成商、制造商、批发和零售商共同组成的供应链系统中，海洋运输集成组织处于供应链的核心区位，发挥着关键的组织职能，承担着构建国内外产业链、价值链和市场链的串联作用。

海洋运输使临港地区在地方企业生产链中更接近市场，这一区位优势便于区内外市场需求信息的反馈和收集，最大限度地克服牛鞭效应（即往供应链上游前进，需求变动程度增大的现象）（贝毅和曲连刚，1998）。因此，临港地区对企业具有极强的吸引力，使企业更容易与本地或外地企业在生产链上建立合作关系，便于信息无障碍传递，成为生产要素的最佳结合点，充分发挥资源优化配置优势，从而获得规模经济与集聚经济优势。

三、海洋运输对临港产业发展的影响机制

伴随经济全球化的日益推进，世界各地联系越来越广泛，经济关系越来越密切，基本上形成一个相互联系、相互依赖和相互融合的世界经济巨系统（董晓菲，2011）。鉴于我国仍处于工业化中期和城镇化加速发展阶段，未来对战略性能源、资源的需求空间依然巨大，而伴随国内基础性能源、资源开发空间和潜力日趋有限，我国能源、资源对外依赖性逐渐升高，尤其是对石油、天然气、铁矿石等的需求日趋强烈。以辽宁海岸带为例，由于受计划经济体制影响较深，其工业基础较为雄厚，集群发展模式以资源驱动型及传统优势型产业（重工业）集群为主，优势产业主要集中在资源开采和加工业、装备制造业、原材料工业、石油化工产业、有色金属冶炼业等领域。根据《辽宁省重点工业产业集群"十二五"规划汇总表》（表2-4），海岸带地区共有41个优势产业集群，但在这些用以支撑地区社会发展和经济增长的产业集群中，大多数表现出高度的能源与资源依赖性。而伴随海岸带地区油气资源、矿产资源的大规模开采，国内资源、能源供需之间的矛盾日益凸显，大量基础性能源、原材料需求缺口需要由国外补给，因此，保障海外资源、能源的有效供给就成为海岸带地区未来发展的关键所在，进而拓展外贸空间、寻求资源、能源外部供给市场与产品销售市场就成为海洋运输业发展的重要任务。

表 2-4 辽宁沿海经济带各产业集群概况　　　　（单位：亿元）

城市	集群名称	依托园区	主导产品	2010 年产值
大连	大孤山石化产业集群	大连开发区	炼油、PTA、对二甲苯	600
	长兴岛石化产业集群	长兴岛临港工业区	炼油、PX、MTO、乙烯	无统计

续表

城市	集群名称	依托园区	主导产品	2010年产值
大连	旅顺轨道交通装备产业集群	旅顺开发区	轨道交通装备	10
	大连湾临海装备制造产业集群	大连湾临海装备制造业集聚区	核电设备、大型石化设备、海洋工程装备	221
	金州新区装备制造产业集群	大连开发区	数控机床、机电设备	460
	普湾新区高端装备制造产业集群	三十里堡临港工业区	船舶配套、核电设备、风电设备、汽车零部件	1
	普湾新区松木岛化工产业集群	松木岛化工园区	精细化工产品	30
	庄河装备制造产业集群	庄河临港经济区	机床、橡胶机械等	72
	金州新区电子信息产业集群	大连开发区	集成电路、数字视听	456
	长兴岛船舶与海洋工程产业集群	长兴岛临港工业区	造船、海洋工程、船舶配套	90
	旅顺船舶及配套产业集群	旅顺开发区	船舶制造及配套	65
	软件和信息技术服务产业集群	大连高新园区	软件、信息技术服务	506
	金州区汽车及零部件产业集群	大连开发区	发动机、变速器、整车	150
	保税区汽车及零部件产业集群	保税区汽车产业区	新能源汽车、发动机、变速箱、整车	9
	庄河农产品深加工产业集群	现代海洋产业区	多功能食品、保健品	100
	庄河家具产业集群	庄河临港经济区	实木家具	100
	普兰店服装产业集群	普兰店皮杨工业园	纺织品、西服、工装	226
	花园口新材料产业集群	花园口经济区	化工材料、金属材料、半导体材料、纳米材料	23
	瓦房店轴承产业集群	瓦房店市工业园区	各类轴承	248
	金州新区精品钢材产业集群	登沙河临港工业区	特种钢材、彩钢板	140
	普湾新区电力设备器材产业集群	普兰店经济技术开发区	互感器、电缆等	20
	金州新区生物医药产业集群	大连开发区	生物医药、疫苗	50
小计	22个			3577
丹东	仪器仪表产业集群	边境合作区	各种仪器仪表	35
	汽车及零部件产业集群	临港产业园东区	整车、汽车零部件	90
	再生资源综合利用产业集群	临港产业园西区	废旧物资拆解再制造	22
小计	3个			147

续表

城市	集群名称	依托园区	主导产品	2010年产值
锦州	光伏产业集群	锦州龙栖湾新区	多晶硅、太阳能电池	100
	汽车零部件产业集群	西海工业区汽车工业园	汽车电机、安全气囊	48
	钛及特种金属产业集群	汤河子产业园	钛白粉、海绵钛、锰、锆等特种金属	69
小计	3个			217
营口	镁产品及深加工产业集群	大石桥沿海新兴产业区、南楼开发区	耐火材料、金属镁	431
	汽保产业集群	老边区汽保工业园	平衡机、洗车机等	63
	电机产业集群	北海新区	各种电机	
	仙人岛石化产业集群	仙人岛能源化工区	炼油、乙烯、沥青	42
小计	4个			536
盘锦	石化及精细化工产业集群	盘锦精细化工（塑料）产业园	石油加工及精细化工产品、沥青、乙烯	600
	石油天然气装备产业集群	盘锦石油装备制造基地	钻采设备、炼化设备	110
	船舶及海洋工程装备产业集群	辽滨沿海经济区	船舶制造、钻井平台	30
	新材料产业集群	辽宁北方新材料产业园	塑料、化工新材料	35
小计	4个			775
葫芦岛	石化产业集群	连山区	炼油、乙烯	228
	有色金属深加工产业集群	龙岗区	锌、铜、钼	96
	船舶海工装备产业集群	龙港海洋工程工业区	船舶海工工程装备制造	110
	泳装产业集群	兴城临海产业园	泳装产品	30
小计	4个			464
绥中	万家高新数字产业集群	绥中滨海经济区	IT类高新技术产品	5
小计	1个			5

资料来源：《辽宁省重点产业集群"十二五"规划汇总表》

工业区位论认为企业所选空间位置由成本因素决定，按照"运输成本—区域因素—产业集聚"的逻辑关系，运输成本构成集聚的基本要素。第二次世界大战以后，伴随包括船舶大型化、自动化在内的海洋运输革命使运输成本大幅度降低，工业集聚中心从原来的原料（资源）导向逐步变为临港分布，这一地理区位不但具有临近国外原料地和市场的双重距离优势，也可以减少进口之后的原材料和产品、海岸带地区产品的中转次数，从而降低原材料和产品运向内陆的交通费用。海岸带地区最初的功能定位主要是联系水陆运输的枢纽、人员物资的集散地和沟通腹地与海外市场的门户，但20世纪60年代以来，在世界经济全球化的推动下，发达国家海岸带地区最早形成了以石化、钢铁、造船、电机等产业为主的临港产业集中区，如美国的纽约、日本的神户、比利时的安特卫普、英国的伦敦及我国的香港等（惠凯，2004b）。伴随经济全球化在发展中国家的日益深化，临港产业的集聚化趋势越来越明显，为港口提供了充足货源，更重要的是，其有利于不断壮大地区外向型经济发展，逐渐增强海岸带经济集聚能力。

（一）临港产业及其经济特征

海岸带产业集群通常是以港航企业为中心、港口开放城市为载体、综合运输体系为动脉、海陆腹地经济为依托，且需要大量进口或出口产品物资的产业体系（陈雪玫和蔡婕，2008）。临港产业集群与其所在地区工业发展、区位条件的关系十分密切，其往往依托临港区位，重点发展钢铁、电力、中小型加工等上游产业，以及石油化工、交通运输装备制造业、金融及其他服务业等中下游产业。临港产业的界定一般用企业通过港口运输的原材料和产成品数量占企业所有原材料和产成品运输量的比例来衡量，如果这一比例超过40%，则将该企业认定为临港产业（黄顺泉，2011a）。

国内学者一般认为，临港产业主要包括港口直接产业（图2-12中以A表示此类产业集合）、港口共生产业（图2-12中以B表示此类产业集合）、港口依存产业（图2-12中以C表示此类产业）和港口关联产业（图2-12中以D表示此类产业）（肖辉，2008），并表现出明显的经济特征。

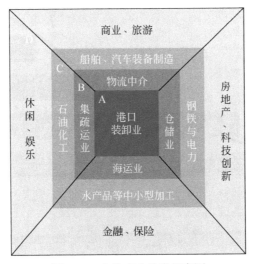

图 2-12　临港产业分类示意图

（1）港口指向性强。临港产业的发展需要大宗原材料、半成品进口，以及产成品的大规模外销，加之企业运输成本决定着经济收益，因此临港产业需要借助廉价的、与国外通达性较高的海运条件和港口物流实现物资加工和配送。

（2）对外联系紧密。临港产业具有明显的"两头在外"特征，即原材料、资本、关键设备、技术等供给因素往往是由国外流入国内，而产成品在很大程度上也流向国际市场（Bates，1969）。

（3）复式集聚特征明显。临港产业集群规模大、产业覆盖面广，是一种"复式集群"，在产业延伸和配套协作上体现为以产业链和现代物流为纽带联结、繁衍、分工、配套、协作的新型产业体系。

（4）产业规模体量较大，资金、技术密集度高。临港产业在产业规模和产业形态上体现出大项目、大运量、大能耗、大投入、大产出的特点，且在产业结构和产业内涵上体现为高技术含量、高资金密度、高产业层次、高市场份额及高效率。

（二）临港产业发展阶段特征

国际临港产业发展路径表明，临港产业演化过程可分为以下四个阶段（图2-13）。

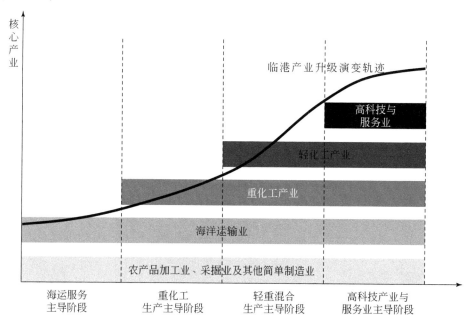

图 2-13　临港产业发展阶段性特征

第一阶段：海运服务主导阶段。这一时期，临港产业主要依托港口运输的货场和中转站功能，以港口海洋运输业为核心，以畜牧、渔生产加工业及简单工业为支撑，产业规模较小，产业结构较单一，中小企业零散无序分布。

第二阶段：重化工生产主导阶段。伴随临港地区重化工业的集中，其日益成为地区经济发展的重要引擎与核心部门，而港口运输业成为产业发展的基本物流通道，用以支撑生产要素的流入与产品的流出，从而大大降低了运输成本。这种发展模式一般是由"以货物运输为主导的简单海运服务型"临港产业转型升级而来，或是在港口建设期间同时规划临港产业园区，大型钢铁、石化、装备制造等重化工企业进驻园区。该阶段的产业结构相对于第一阶段有所提升，科技含量明显提高，在经济效益与优惠政策驱动下，临港产业大型化、规范化、集中化布局特征开始显现，经济效益提升明显。

第三阶段：轻重混合生产主导阶段。在以重工业为主的临港产业发展后期，"大进大出"的资源导向型工业对环境的污染日益严重，受到地方政府的密切关注，临港产业开始适度地进行产业结构调整，淘汰效率低下、落后的产能，引进效率较高、污染较少的先进技术，推动重化工业优化升级，发展出口加工业，或兼容其他轻工业。这一阶段，科技含量较高的轻工业开始出现，产品附加值进一步提高，环境污染得到有效控制。

第四阶段：高科技产业与服务业主导阶段。随着临港地区经济发展，其地价逐渐上涨致使经济效率低、科技水平低、污染严重的产业逐渐转移到内陆地区，技术密集型产业逐渐占据这一地区，如集成电路、海洋生物、电子信息、新能源、新材料等高端产业逐渐占据主导地位。此外，金融、贸易、旅游等临港服务业不断壮大。这一阶段，临港地区主导产业逐渐升级，且处于较为发达的高级阶段，主要特征是科技领先、经济发达、环境友好、社会和谐。

当前，我国海岸带临港产业发展处于第二阶段，以重化工业为主，尤其是装备制造业和石油化工业两类产业。为进一步分析海洋运输在临港产业发展中的作用机制，根据各产业选择海洋运输的主要原因，可将临港产业分为四类：第一类为运输成本最小导向型，如钢铁产业往往需要大规模运输，低附加值产品或原料成本中运输成本所占比例较大，运输成本对企业运输方式选择敏感性较高；第二类为运输安全要求导向型，如机电产业，其产品附加值较高，对交通运输的安全性要求较高；第三类为特殊区位依赖型，如船舶产业空间布局不但要考虑运输成本，还要考虑其生产工序对水域的需求，且运输方式往往只能选择水路进行；第四类为市场与特殊运输方式配套导向型，如石化产业往往集聚在经济发达、市场巨大、专业化液体运输配套完善、工业基础雄厚、产业政策利好的沿海、沿江地区。

钢铁产品由于自身附加值较低、规模庞大，对运输成本较为敏感，企业选址往往临近原料地以节省运输成本，而海洋运输方式不但具有运费低、载运量大的优势，还具有跨国界的通达性，所以选择海洋运输最为合适；机电产业具有较高的外资投入比例，呈现出"大进大出"的特征，即企业往往集聚分布在外资集中地区以支撑企业生产所需的设备、技术引进，并且产品销售市场结构中国外市场又占据重要地位，加之其经济附加值较高，所以机电产业对交通运输方式的安全性要求较高。在 5 种交通方式中，航空运输安全性最高、运输时间最短，是机电产品运输的最佳方式，但目前来看，航空运输价格偏高、载运量较小，故企业往往选择安全性较高、费用最小的海洋运输连接市场和生产地。

第四节 海岸带港–城组合优势对经济集聚的影响

经济活动向城市集聚已是经济地理学一个显著而普遍的现象，在世界很多地方，大城市都拥有一个大港口（包括海港、河港等），如芝加哥、巴黎等大城市，虽然当前港口在这些大城市中的作用已不重要，但在这些大城市发展的初期和中期，港口起到非常重要的作用（王列辉，2010），究其原因主要在于：一方面，港口凭借其运输和集散功能，不仅在城市建立初期创造就业机会与经济产出、吸引大量人员在城市居住，而且在城市发展中后期，为城市建设、工业化发展、贸易运输等方面进一步创造条件（据世界银行专家测算，修建一个集装箱码头，92% 的利益获得者是所在地区，只有 8% 的利益属于码头和轮船公司）；另一方面，城市既有的完善的基础设施、雄厚的经济积淀、较好的生产与生活环境，为港口发展奠定了良好基础。港–城组合型城市因其特有的区位、功能及综合实力，在区域经济发展中发挥着非常重要的作用。

为阐明港口与城市之间的相互关系及其演变规律，国内外经济地理学者、空间经济学者分别从区位优势、集聚效应和自我增强的角度对港–城相互关系进行解释分析（刘继生等，1994；Fujita and Mori，1996；藤田昌久等，2005）。由于基于港–城组合优势深入透析经济活动向海岸带集聚的机制研究尚不多见，本节将以港–城互动关系为切入点，综合分析其互动发展对地区经济集聚的影响与机制。

一、港口与城市的相互作用机制

港口是城市发展的重要资源与动力，城市是港口成长和功能转换的依托与平台，港口与其所在城市相互依存、相互促进（邢春梅，2008），且其互动关系间接影响着地区经济活动的集聚程度。

（一）港口对城市的经济贡献

根据经济活动与港口的关系，可将港口对城市总的经济贡献分为港口相关经济活动自身创造的经济贡献、港口相关经济活动部门购买产品或服务所产生的经济贡献和港口相关经济活动部门职工工资消费引起的经济贡献（吴传钧和高小真，1989；吴国付和程蓉，2006）：港口相关经济活动自身创造的经济贡献，指港口及相关产业对所属城市经济的直接影响，是自身创造的经济产出的直观体现，主要通过运输、转存货物等形式为地区创造经济价值；港口相关经济活动部门购买产品或服务所产生的经济贡献，主要表现为港口运输经济发展引起对地区其他部门的产品或服务的需求，继而拉动地区三次产业发展，发挥港口经济的集聚引力、协作引力、乘数效应；港口相关经济活动部门职工工资消费引起的经济贡献，指港口职工工资消费所引起的后续经济贡献，并循环波及（图2-14）。

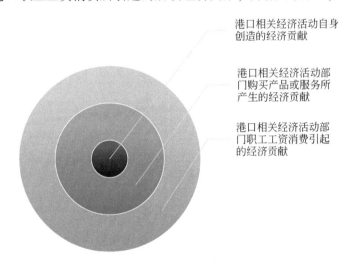

图 2-14　港口发展对城市经济发展的贡献

（二）港口对城市形态扩展的影响

港口不但对城市经济发展具有重要影响，对城市的物质外貌形成也起着重要作用（杨吾扬和张国伍，1986）。吴传钧和高小真（1989）认为港-城关系强度是一个循环上升的过程，并将其分为初级商港型、港口工业型和多元化型三个阶段（图2-15）。在Notteboom（2005）提出的港口发展三阶段论基础上，郭建科和韩增林（2013）构建出港-城空间结构演化通用模型，用以刻画港口对城市形态扩张的影响（图 2-16）。通过该模型的刻画可以看出，港口发展对城市形态演变具有导向作用，港口布局往往诱发城市同向扩张建设。

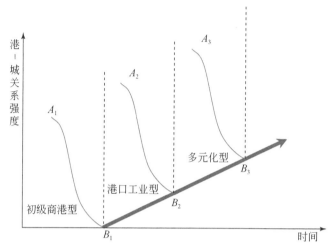

图 2-15　港–城关系强度随时间的变化

资料来源：作者根据吴传钧和高小真（1989）改绘

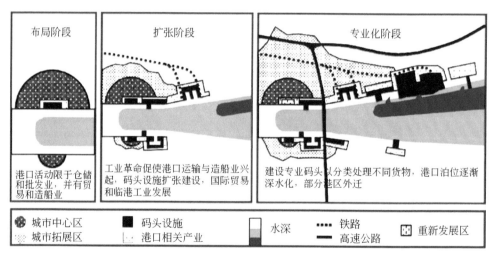

图 2-16　港–城空间结构演化通用模型

资料来源：作者根据郭建科和韩增林（2010）改绘

（三）城市对港口的影响

港口蓬勃发展离不开城市腹地的基础承载，也离不开城市生产与生活性服务的提供，总之，城市的发展不但为港口提供基本货源、发展空间、配套设施，还促进了港口功能的提升（常冬铭等，2007）。主要表现在以下几个方面：①城市作为港口的直接腹地，其经济发展水平、对外开放程度、产业结构特征深刻影响着港口吞吐量、货物品种构成、建设规模与经济效益；②城市作为港口发展的基本依托，除了为港口提供基本的劳动力资源、土地、集疏运等硬件设施外，也为港口发展提供了不可或缺的金融、贸易等产业支撑和优惠政策软环境；③城市作为地区发展核心，其功能空间变化影响着港口布局。

二、港-城组合系统的生命周期

港口城市作为一个特殊的地理空间，其系统演化也受两个子系统生命周期的影响而呈现出不同的阶段性（郭建科和韩增林，2013）（图2-17）。

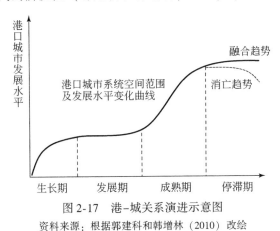

图2-17　港-城关系演进示意图

资料来源：根据郭建科和韩增林（2010）改绘

（一）生长期——初级商港型经济发展阶段

这一阶段，港口城市发展的主要推动因素是港口的运输中转功能。港口发展对城市规模扩张、工业化推进、人口集聚具有显著的推动作用，城市的发展依赖港口的发展。

（二）发展期——港口工业型经济发展阶段

这一阶段，港口城市发展的主要推动因素是港口及其周边地区的工业功能。港口发展加强了地区集聚国内外生产要素和联结国内外市场的能力，此时临近港口的陆地空间就会因临港工业或港口依存产业的发展而成为优势区位（黄鹤群，1998）。城市由简单地服务于港口发展转变为主动利用港口优势，积极壮大临港产业，发展自身社会经济。

（三）成熟期——多元化型经济发展阶段

这一阶段，临港工业的快速发展与规模扩张吸引区内外前后相关联产业在港口城市集聚，劳动力不断涌入，由此产生的本地市场效应和乘数效应促进了城市生产生活型服务部门的发展，产业结构逐步升级，港口城市产业发展逐渐多元化。

（四）停滞期 城市自增长阶段

这一阶段，港口不再能明显地推动城市的发展，甚至港口与城市之间的相互发展受限，城市发展亟须新的动力引擎，原有港区由于区位优势丧失、发展空间受限、配套设施老化和周边环境约束而日渐没落，港-城之间互相依赖、互相促进的良性互动逐渐消失。

按照港口与城市功能重要程度的组合关系，可将港口城市分为以下 9 类（Ducruet and Lee，2006）（图 2-18）。从世界港口城市发展轨迹来看，港口城市

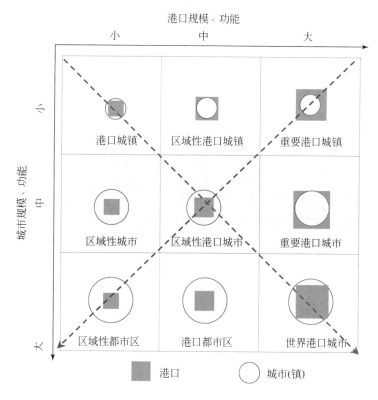

图 2-18 港口城市分类

资料来源：Ducruet and Lee（2006）

图中两对角线的交点表示港口功能和城市功能的平衡点（陈航，2009）

发展大致经历了从港口城镇到区域性港口城市和世界港口城市的过程（图中用对角线的形式表示），如纽约、东京、香港等都是这样的港口城市。

三、港–城组合优势对经济要素集聚机制

在全球化背景下，诸多港口城市凭借区位优势，在外向型经济带动下不断发展壮大。这一普适性现象说明一个客观存在的规律，即在全球性生产体系中，国际贸易、商品交换对港口具有高度依赖性，伴随海洋运输业快速发展，国外市场不断拓展，临港地区凭借占据物流系统的关键地位和重要节点，在经济全球化和区域经济合作的浪潮中，成为世界劳动地域分工体系的主要组成部分和区域经济率先发展的增长点，在规模经济和集聚经济驱动下，最终形成地区经济集聚发展格局。具体来讲，港–城组合对地区经济集聚发展的效应机制可归纳如下（图2-19）。

（1）在外向型经济发展推动下，港口周围地区由于具有离市场与原料区距离最小的双重优势，率先集聚全球性资本和生产要素，成为临港产业集中区和经济增长点，从而进一步吸引外来企业和人口迁入。

（2）临港产业集聚发展促进了人口向城市迁移，并产生本地市场效应，推动城市基础设施建设、社会公共服务日趋完善，从而加大了城市商品消费市场容量，并优化了地区投资环境，为地区经济生产活动进一步集中提供了条件。

（3）港口资源对城市初期的经济发展和空间拓展具有极大的推动作用，但城市基础设施和功能的日益完善促进了地区技术创新、资金流动、产业升级，不但提升了港口城市自身经济生产效率，也通过提供生产生活服务带动其周围地区经济增长，从而推进其外围地区新一轮的经济集聚发展。

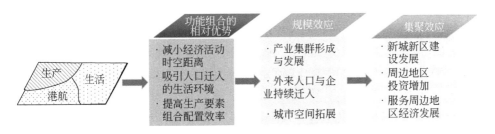

图2-19　港口城市的港–城组合优势对地区经济集聚发展的作用机制

第三章 | 海岸带开发对陆域生态系统的影响

海岸带地区自然资源丰富，地理区位优越，是海陆交通枢纽、临海工业基地、重要城市中心和海洋生物集聚地，在国家经济建设与社会发展中具有极其重要的战略地位，因此维持海岸带地区生态系统安全的可持续发展意义重大。但是，近几十年来，高强度人类活动导致海湾面积和自然岸线减少、泥沙严重淤积、环境恶化、生态系统失衡，已严重威胁到我国沿海地区经济和社会的可持续发展（黄小平等，2016）。本章选取福建海岸带为研究对象，考察在海岸带快速开发建设过程中，海岸带地区景观格局与生态系统的演变过程及其特征（图3-1）。

第一节 海岸带地区景观格局总体变化特征

一、景观类型总体时空变化分析

运用ArcGIS工具分析对比2000年、2010年、2018年海岸带地区景观类型的时空演变过程，结果如图3-1所示。

根据表3-1可以看出研究期内福建海岸带各景观的变化特征，园地、林地、耕地的面积均有较大程度减少，其中，林地、园地两种景观的下降速度最快，占比分别从2000年的46.17%、10.56%降低到2018年的45.71%、9.97%；与之相对的，城镇村及工矿用地、交通建设用地两种景观面积分别上升了4.3万 hm²、2.07万 hm²，占比从2000年的9.23%、2.11%上升到2018年的10.46%、2.70%。

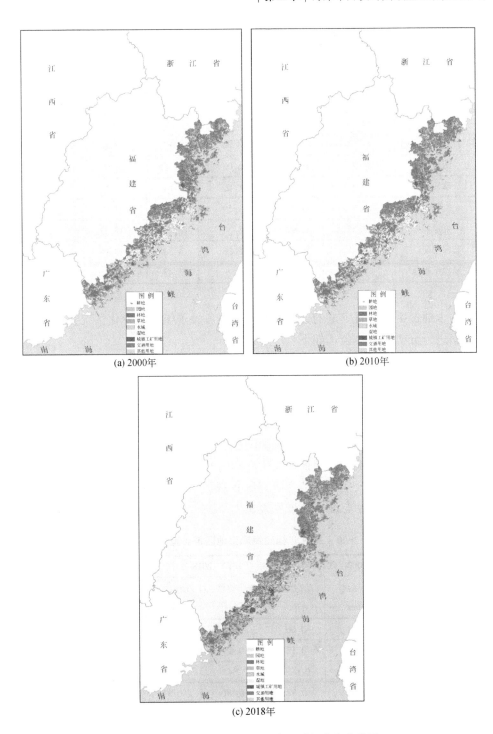

(a) 2000年

(b) 2010年

(c) 2018年

图 3-1　福建海岸带地区景观类型时空分布变化图

表 3-1 2000～2018 年福建海岸带地区各景观结构变化

景观类型	2000 年		2010 年		2018 年	
	面积/万 hm²	比例/%	面积/万 hm²	比例/%	面积/万 hm²	比例/%
林地	162.70	46.17	161.67	45.88	161.07	45.71
耕地	52.29	14.84	51.68	14.67	51.00	14.47
城镇村及工矿用地	32.54	9.23	34.80	9.87	36.84	10.46
园地	37.21	10.56	36.03	10.23	35.13	9.97
草地	9.30	2.64	9.42	2.67	9.36	2.66
水域	21.91	6.22	21.59	6.13	21.29	6.04
湿地	13.55	3.85	13.35	3.79	13.17	3.74
其他用地	15.41	4.38	15.26	4.33	14.98	4.25
交通建设用地	7.45	2.11	8.56	2.43	9.52	2.70

为了通过更直观且定量的方式反映研究区各景观类型的变化情况，引入动态度模型进行分析，计算公式如下：

$$L_s = \left(\frac{O_b - O_a}{O_a} \right) \times \frac{1}{T} \times 100\% \qquad (3-1)$$

式中，L_s 为某类型景观的动态度；O_a 和 O_b 分别为研究开始阶段和研究结束阶段的该类型景观的面积；T 为两个阶段的时间间隔。

利用动态度模型中的各类型景观的动态度分析研究区各类型景观的面积变化情况，可以定量地反映某类型景观在研究期内的变化情况，以及各类型景观的总量格局是否产生了巨大变化。结合研究区景观类型数据，依据式（3-1）测算研究期内各类型景观的动态度，结果见表 3-2。

表 3-2 2000～2018 年福建海岸带地区各类型景观的动态度

景观类型	2000～2010 年		2010～2018 年		2000～2018 年	
	变化幅度/万 hm²	动态度/%	变化幅度/万 hm²	动态度/%	变化幅度/万 hm²	动态度/%
林地	-0.99	-0.06	-0.64	-0.05	-1.63	-0.06
耕地	-0.61	-0.12	-0.68	-0.16	-1.29	-0.14
城镇村及工矿用地	2.26	0.69	2.04	0.73	4.3	0.73
园地	-1.18	-0.32	-0.90	-0.31	-2.08	-0.31
草地	0.12	0.13	-0.06	-0.08	0.06	0.04
水域	-0.32	-0.15	-0.30	-0.17	-0.62	-0.16

续表

景观类型	2000～2010 年		2010～2018 年		2000～2018 年	
	变化幅度 /万 hm²	动态度 /%	变化幅度 /万 hm²	动态度 /%	变化幅度 /万 hm²	动态度 /%
湿地	-0.20	-0.15	-0.18	-0.17	-0.38	-0.16
其他用地	-0.15	-0.10	-0.28	-0.23	-0.43	-0.16
交通建设用地	1.11	1.49	0.96	1.40	2.07	1.54

根据表 3-2 可以很清晰地看出，福建海岸带各类型景观在研究期内波动变化明显。综合比较发现，交通建设用地和城镇村及工矿用地两种景观类型动态度变化较大且为正值，表明伴随海岸带地区城镇化与工业化建设的持续推进，交通建设用地、城镇村及工矿用地需求持续增加。但值得注意的是，城镇村及工矿用地、交通建设用地两种景观的面积增加的同时，其他大部分类型景观的面积在不断减少，特别是具有重要生态价值的水域和湿地，其动态度的负向变化程度仅次于园地。园地面积下降最多，且动态度在负向变化中最大，但由于其总面积大、分布广，所以对园地景观整体性影响不大，但也同样需要注意，避免其进一步下降。

二、景观格局变化分析

景观格局的时空变化可以反映各景观在不同时期的空间变化及景观数量、面积的变化情况，以及其生态系统服务价值整体的变动情况。但各景观的生态系统服务价值不仅与其面积总量相关，还与景观内部的完整性有着密切联系。完整地块的景观的生态系统服务价值与破碎地块的景观的生态系统服务价值不一样，连接成片的景观具有的生态系统服务价值与分散的景观具有的生态系统服务价值是不一样的。在本研究这种大尺度的视角下，景观内部的完整性变化是无法通过时空分布图反映的，因此对研究区进行景观完整性分析十分有必要。

研究综合文献，选择整体景观尺度的景观格局指标 4 个和单一景观尺度的景观格局指标 3 个，来综合衡量福建海岸带景观格局特点和时序变化情况。整体景观尺度的景观格局指标具体包括：边界密度（ED）、景观分离度（SPLIT）、景观多样性（SHDI）、景观均匀度（SHEI）；单一景观尺度的景观格局指标具体包括：分维数（FRAC）、斑块密度（PD）、最大斑块指数（LPI）。

各景观格局指标含义及其表达式见表 3-3。

表 3-3 景观格局指标表达式及含义

景观格局指标	解释说明	计算公式
边界密度（ED）	景观斑块边界周长与其总面积的比值，可以表示景观破碎度	$ED = E/A$ 式中，E 为景观斑块边界周长；A 为景观总面积
景观分离度（SPLIT）	景观类型中不同斑块数个体分布情况，值越大越分散	$SPLIT = A^2 / \sum_{j=1}^{n} a_{ij}^2$ 式中，a_{ij} 为景观类型 i 的景观斑块 j 的面积；n 为景观斑块总数，A 同上
景观多样性（SHDI）	表示景观异质性，其值越高，景观越丰富，破碎度越高	$SHID = - \sum_{i=1}^{n} (f_i \ln f_i)$ 式中，f_i 为景观类型 i 的占比；n 为景观类型总数
景观均匀度（SHEI）	景观类型被主要少数景观控制的程度状况，也反映了景观斑块分布的均匀度	$SHEI = - \sum_{i=1}^{n} [f_i \times \ln(f_i)] \times \frac{1}{\ln(n)}$ 式中，n 为景观类型总数；f_i 同上
分维数（FRAC）	表示斑块结构的不规则性，其值越大越不规则	$FRAC = 2\ln(P/4) / \ln(A_i)$ 式中，P 为某类型景观斑块周长；A_i 为景观类型 i 的总面积
斑块密度（PD）	单一景观斑块总数在研究区总面积的占比，其值表示景观斑块密集度	$PD = N/A$ 式中，N 为某类型景观斑块总数；A 同上
最大斑块指数（LPI）	景观中最大斑块占比情况，可以表示景观的优势度和集聚性	$LPI = [\max(x_1, x_2, \cdots, x_n)/A] \times 100$ 式中，x_1, x_2, $\cdots$, x_n 为单一景观面积；A 同上

根据表 3-3 中的表达式，将数据代入计算，得到结果见表 3-4。

表 3-4 2000～2018 年福建海岸带地区整体景观尺度的景观格局指标变化

年份	边界密度（ED）	景观分离度（SPLIT）	景观多样性（SHDI）	景观均匀度（SHEI）
2000	31.64	49.26	1.46	0.66
2010	31.73	54.20	1.53	0.70
2018	33.81	59.11	1.58	0.72

由表 3-4 可知，福建海岸带边界密度在研究期内一直呈上升趋势。对比 2000～2010 年和 2010～2018 年的变化后发现，第一阶段边界密度增长率远低于第二阶段，并在 2018 年达到最大值，表明福建海岸带景观内部破碎化问题加剧，说明

2010 年后海岸带地区的快速开发导致景观完整性遭到破坏。

景观分离度在研究期间也呈现上升趋势，2000～2010 年的上升幅度略微低于 2010～2018 年，同样在 2018 年达到最高点，这表明各景观类型越发分散，主要景观的优势度在缩小。

景观多样性和景观均匀度也在不断上升，2018 年两值分别达到 1.58 和 0.72，表明研究区内主要景观对整体景观格局的影响减弱，各景观分布趋于均匀化。

在根据边界密度、景观分离度、景观多样性、景观均匀度 4 个指标衡量福建海岸带整体景观尺度的景观格局情况后，根据分维数、斑块密度、最大斑块指数 3 个指标测算各景观类型内部的景观格局特点，结果见表 3-5。

表 3-5　2000～2018 年福建海岸带地区各景观

景观类型	年份	分维数（FRAC）	斑块密度（PD）	最大斑块指数（LPI）
耕地	2000	1.45	0.14	5.52
	2018	1.47	0.16	2.40
园地	2000	1.45	0.04	0.55
	2018	1.42	0.07	0.45
林地	2000	1.36	0.12	8.02
	2018	1.37	0.12	7.52
草地	2000	1.39	0.23	0.31
	2018	1.40	0.24	0.41
水域	2000	1.34	0.04	0.16
	2018	1.31	0.04	0.14
湿地	2000	1.27	0.04	0.06
	2018	1.27	0.04	0.04
城镇村及工矿用地	2000	1.40	0.16	0.23
	2018	1.38	0.15	0.46
交通建设用地	2000	1.31	0.04	0.08
	2018	1.34	0.10	0.08
其他用地	2000	1.35	0.004	0.01
	2018	1.32	0.005	0.01

根据表 3-5 可以发现，研究期间福建海岸带各景观类型分维数整体皆低于 1.5，景观之间差距不大，研究区的各景观形状规则较为适中。对比 2018 年各景

观分维数可知，耕地和园地的分维数最大，湿地的分维数最小，表明耕地和园地景观斑块受到切割最多，湿地景观斑块受到切割最少。各景观中园地、水域、城镇村及工矿用地和其他用地分维数下降，园地、水域、其他用地的下降程度较大，这可能是因为上述景观类型受人类活动影响、发生切割，为了保证此类景观类型更好地发挥其经济作用，通过各种手段进行规整性切割，降低斑块不规则性。例如，建设用地的出让有着严格制度，需要通过层层审批和规划，地块边缘的规则性就是一个重要审查指标；与之相反的是耕地、林地、草地、交通建设用地的分维数呈上升趋势，这些景观在开发利用的过程中只要不涉及生态保护红线和永久基本农田，在利用的时候就较少考虑其地块形状的规则性。交通建设用地分维数上升是由于交通建设用地与城镇村及工矿用地不断增加，同时受地形地势的限制，在利用的时候必然会不规则化。

各景观斑块密度中，草地的斑块密度值最大，其他用地的斑块密度值最小，说明草地景观的完整性最差，其他用地景观的完整性最好。研究区内除林地、水域、湿地、城镇村及工矿用地外其他类型景观的斑块密度值皆呈上升趋势，表明这些景观内部的斑块完整性在减弱，这与福建海岸带区域城镇发展趋势一致，研究区城镇建设用地的扩张路线是以原有领域为中心，向周边发散式蔓延，不断吞噬其他类型景观，导致景观内部整体性遭到切割，完整性不断下降。同时，湿地斑块密度未变，趋势稳定，这是因为省政府和地方政府对沿海湿地的保护力度加大，在城市发展过程中生态环境保护是重要考虑因素。城镇村及工矿用地的斑块密度呈现下降的趋势，这主要是由于城市扩张使得斑块类型的面积增长，景观内部的完整性有所提升，这同时也表明研究区城镇化进程对其他景观造成了一定的破坏，各景观内部完整性受人为影响大。

分析研究期内各景观的最大斑块指数可知，林地、耕地景观的最大斑块指数较大，说明这两种景观是福建海岸带区域景观构成的基础，具有很显著的优势，这符合福建森林覆盖现状；研究期间，耕地、园地、林地、水域、湿地景观类型的最大斑块指数不断地下降，这主要是受人类活动影响，上述景观中大斑块类型在城镇化进程中被大量开发、改造，用于人类的生活生产，分散的地块被补充进景观里，使得这些景观内部越发零散，特别是普通农田受到的影响最大。耕地的最大斑块指数下降最大，表明了耕地破碎化趋于严重，未来对耕地的调整需谨慎，进行增减挂要更注重地块的完整性；林地的最大斑块指数下降幅度仅次于耕地，表明林地景观中大斑块景观也在城镇化进程中了遭受一定的侵占，斑块类型面积有一定比例的下降，不过随着生态文明战略的提出，加上研究区内地方政府一直对森林植被的保护，林地被侵占的情况会逐渐好转；城镇村及工矿用地最大斑块指数受城镇规模扩张的影响而增加，原本分散破碎的斑块逐渐连接在一起，大斑块数量越来越多；对比发现 2000 年与 2018 年的交通建设用地的最大斑块指数未改变，此景观类型受限于其自身属性，整体变化趋于稳定。

第二节　生态系统服务价值变化

区域经济社会的发展使得原有景观格局发生变化，从而对生态系统服务价值造成影响，而生态系统服务价值的变化又会制约区域经济社会的发展。本研究参考谢高地（2018）、欧阳志云等（2016）、张彪等（2017）、徐洁等（2019）研究成果，再针对研究区经济、社会发展现状，对部分生态系统服务功能价值当量进行调整，整理出符合福建海岸带社会经济发展现状的生态系统服务价值当量，并根据当量计算研究区生态系统服务价值，分析变化情况。

一、生态系统服务价值当量修正

国内学者谢高地在 2015 年对之前提出的"中国陆地生态系统服务价值当量表"进行了补充并对部分内容进行了修改，该修正中生态系统服务价值当量在原有的 6 个一级类基础上增加了二级类，考虑到二级类划分过于细致且有部分重复，本研究在其原有一级类中进行选取，将其二级分类的平均值拟作本研究的生态系统服务价值当量，并将其与本研究中各类型景观一一对应（表 3-6）。耕地对应农田，林地对应森林，草地、水域、湿地景观类保持不变，由于福建海岸带地区园地分为茶园和果园，生产性更大，因此园地景观的生态系统服务价值当量为农田与森林的平均数，其他用地与荒漠对应，而城镇村及工矿用地和交通建设用地皆赋值为 0。

表 3-6　福建海岸带生态系统服务价值当量

功能类	地类					
	农田	森林	草地	湿地	荒漠	水域
食物生产	1.11	0.25	0.23	0.51	0.00	0.80
原料生产	0.25	0.58	0.34	0.50	0.00	0.23
水资源供给	-1.41	0.30	0.19	2.59	0.00	8.29
气体调节	0.89	1.91	1.21	1.90	0.02	0.77
气候调节	0.47	5.71	3.19	3.60	0.00	2.29
净化环境	0.14	1.67	1.05	3.60	0.10	5.55
水文调节	1.50	3.74	2.34	24.23	0.03	102.24
土壤保持	0.52	1.71	1.47	2.31	0.02	0.93

功能类	地类					
	农田	森林	草地	湿地	荒漠	水域
维持养分循环	0.16	0.18	0.11	0.18	0.00	0.07
生物多样性	0.17	2.12	1.34	7.87	0.02	2.55
景观美学	0.08	0.98	0.59	4.73	0.01	1.89

价值当量——对应后，根据福建海岸带社会经济发展情况，对部分景观的价值当量进行调整，主要是耕地、城镇村及工矿用地和交通建设用地三种景观。

（1）研究区耕地生态系统服务价值当量修正模型：

$$\gamma = \gamma_{agri}PE \tag{3-2}$$

式中，γ 为耕地调整后的生态系统服务价值当量；γ_{agri} 为原耕地生态系统服务价值当量；P 为修正后的产量因素；E 为修正后的经济因素。

原有的产量因素以全国粮食产量为基准，为了符合研究区实际，将其调整为以研究区粮食产量为基准，根据修正后的产量因素测算出的研究区耕地景观能够提供的生态系统服务价值更具实际性，同时，在修正产量因素过程中也可以对比发现研究区与全国的差异。产量因素修正模型如下：

$$P = \frac{r_q}{r_a} \tag{3-3}$$

式中，P 为修正后的产量因素；r_q 和 r_a 分别为福建海岸带区域粮食产量和全国粮食产量。

再对经济因素进行修正，修正模型如下：

$$E = CT \tag{3-4}$$

式中，E 为修正后的经济因素；C 为支付能力；T 为支付意愿。支付能力为研究区人均 GDP 与同期国内人均 GDP 的比值，支付意愿通过皮尔曲线模型和研究区恩格尔系数来计算。

将相关数据代入式（3-3）、式（3-4）中进行计算，得到修正后的产量因素、修正后的经济因素，详细见表 3-7。

表 3-7 研究区耕地生态系统服务价值修正

名称	2000 年	2010 年	2018 年
P	0.6881	0.3802	0.2688
E	2.2798	2.2688	2.8038

（2）城镇村及工矿用地、交通建设用地生态系统服务价值当量修正。城镇村及工矿用地、交通建设用地在扩张过程中占用了其他类型景观、消耗了自然资源，产生大量的气体、液体和固体废弃物，对地区整体生态系统服务价值造成负面影响。根据谢高地等（2015）、刘佳等（2018）和倪庆琳等（2019）的研究，再结合研究区实际，认为城镇村及工矿用地景观造成的影响主要体现在气体调节、水文调节和土壤保持三方面，交通建设用地景观造成的影响则只有气体调节这一类。因此，本研究在修正过程中主要考虑城镇村及工矿用地景观的气体调节、水文调节和土壤保持三方面的测算，而交通建设用地的气体调节则采用与城镇村及工矿用地一样的值，本书中不单独修正。综合文献与数据的获取性、可用性，将废气处理费用、废水处理费用和固体废弃物处理费用作为气体调节、水文调节和土壤保持三种功能的价值当量测算的主要考虑因素，其他功能所提供的生态系统服务价值参照相关研究赋值为0。

研究区城镇村及工矿用地大气调节功能的价值当量修正公式如下：

$$R_a = -\frac{T \times \frac{P}{V}}{S} \tag{3-5}$$

式中，R_a 为修正后的研究区城镇村及工矿用地大气调节功能的价值当量；T 为福建海岸带区域大气污染的治理成本；P 为废气排放量；V 为排放当量；S 为福建海岸带区域的城镇村及工矿用地面积。

通过查阅 2000~2018 年《福建统计年鉴》，确立福建废气排放量，治理成本依据《福建省物价局 福建省财政厅 福建省环保厅关于调整排污费征收标准等有关问题的通知》（闽价费〔2014〕397 号）文件中规定的征收标准确定为 1.20 元/污染当量，将各项数据代入式（3-5），得出 R_a 为–759.0394 元/hm^2。

将对水文调节功能的服务价值产生影响的废水处理费分为居民生活废水处理费和工业生产废水处理费两方面，这使得水文调节功能的价值下降。综合考虑后，水文调节功能的价值当量修正模型如下：

$$R_w = -\frac{W_1 + W_2}{S} \tag{3-6}$$

式中，R_w 为研究区城镇村及工矿用地水文调节功能的价值当量；W_1 为研究区居民生活废水处理费；W_2 为研究区工业生产废水处理费；S 同上。

将各项数据代入式（3-6），得到 R_w 值为–2247.41 元/hm^2。

城镇村及工矿用地对土壤造成的破坏主要是随意处理废弃物导致的。居民生活和工业生产产生的废弃物的处理方式直接影响土壤保持功能的服务价值，特别是工业生产废弃物和建筑废弃物的处理会对土壤保持功能产生深远的影响，处理不当可能会造成整个生态系统的失衡，故本研究将固体废弃物的处理成本作为土壤保持功能的价值当量修正的基础。居民生活废弃物和工业生产废弃物的危害性、处理方式及处理费的差距较大，因此本研究将两种废弃物处理费数据分开测算，具体测算模型如下：

$$R_\mathrm{p} = \frac{P_1 Q_1 + P_2 Q_2}{S} \qquad (3\text{-}7)$$

式中，R_p 为研究区土壤保持功能的价值当量；P_1 为每户缴纳的废弃物处理费；Q_1 为研究区内居民家庭户数；P_2 为研究区工业废弃物排放量；Q_2 为研究区工业废弃物处理费征收标准。

通过测算，得到 R_p 值为 –401.2 元/hm²。

（3）修正后的生态系统服务价值当量表中，各功能单位面积价值测算方式由各功能价值当量参照农田生态系统单位粮食产量的经济价值进行测算，以每年每公顷粮食经济价值的 1/7 作为各功能的价值当量单位面积价值系数，得到研究区各景观服务功能的价值当量（表 3-8）。具体测算模型如下：

$$T_{ij} = \frac{1}{7} \times Z \times K_{ij} \qquad (3\text{-}8)$$

式中，T_{ij} 为研究区第 i 种类型景观的第 j 种功能提供的经济服务价值；Z 为各生态系统服务功能价值当量；K_{ij} 为研究区第 i 种类型景观的第 j 种功能所具有的单位面积经济服务价值。

表 3-8 研究区各景观生态系统服务功能价值当量 　　　　（单位：元/hm²）

生态系统服务功能	景观类型								
	耕地	林地	园地	草地	湿地	城镇村及工矿用地	交通建设用地	水域	其他用地
食物生产	262.51	54.92	147.63	50.75	110.92	0.00	0.00	174.00	0.00
原料生产	58.20	126.15	89.72	74.67	108.75			50.02	0.00
水资源供给	–333.79	65.25	–120.17	41.32	563.32	0.00	0.00	1803.05	0.00
气体调节	211.44	414.88	304.22	262.45	413.24	–759.04	–759.04	167.47	4.35
气候调节	110.47	1241.36	671.25	693.82	782.99	0.00	0.00	498.07	0.00
净化环境	32.07	363.76	196.56	229.10	782.99	0.00	0.00	1207.11	21.75
水文调节	355.17	812.35	568.76	508.22	5269.96	–2247.41	0.00	22236.91	6.52
土壤保持	123.54	371.92	242.51	319.72	502.42	–401.20	0.00	202.27	4.35
维持养分循环	36.82	38.61	36.16	24.65	39.15	0.00	0.00	15.22	0.00

生态系统服务功能	景观类型								
	耕地	林地	园地	草地	湿地	城镇村及工矿用地	交通建设用地	水域	其他用地
生物多样性	40. 39	460. 01	248. 49	290. 72	1711. 70	0. 00	0. 00	554. 62	4. 35
景观美学	17. 82	212. 60	114. 46	128. 32	1028. 76	0. 00	0. 00	411. 07	2. 17
总计	914. 64	4161. 81	2499. 59	2623. 74	11 314. 20	−3 407. 65	−759. 04	27 319. 81	43. 49

二、生态系统服务价值变化分析

本研究对生态系统服务价值的测算采用朱颖和吕寅超（2020）修改过的模型，具体测算模型如下：

$$ESV = \sum_{i=1}^{n} Z_i \times H_i \qquad (3\text{-}9)$$

式中，ESV 为研究区生态系统服务价值；Z_i 为景观类型 i 的面积；H_i 为单位面积景观类型 i 的生态系统服务价值；n 为研究区景观类型数量。

同时，为了检验数据的离散程度、政策性，本研究引用变异系数（严军等，2020），其具体模型测算方式如下：

$$CR = \frac{1}{|K|} \sqrt{\frac{1}{n} \sum_{i=1}^{n} (K_i - \overline{|K|})^2} \times 100\% \qquad (3\text{-}10)$$

式中，CR 为生态系统服务价值的变异系数；n 同上；K_i 为景观类型 i 的生态系统服务价值。

根据福建海岸带地区各类型景观空间分布数据和式（3-9）和式（3-10），可测算出研究区生态系统服务价值变化情况，见表3-9。

表3-9　研究区各类型景观生态系统服务价值变化

景观类型	2000 年/万元	2010 年/万元	2018 年/万元	贡献率（2018 年）/%	变化值/万元	变化率/%	变异系数/%
耕地	47 825. 44	47 239. 94	46 601. 60	2.8	−1 223. 84	−2. 56	1. 06
林地	674 907. 05	671 924. 78	669 678. 86	39. 9	−5 228. 19	−0. 77	0. 32
园地	93 019. 55	90 031. 64	87 716. 67	5. 2	−5 302. 88	−5. 70	2. 41
草地	24 408. 48	24 683. 61	24 536. 68	1. 5	128. 20	0. 53	0. 46

续表

景观类型	2000 年/万元	2010 年/万元	2018 年/万元	贡献率 （2018 年）/%	变化值 /万元	变化率 /%	变异系数 /%
湿地	41 975.69	39 958.71	39 260.28	2.3	−2 715.41	−6.47	2.85
城镇村及工矿用地	−107 652.23	−114 946.11	−121 772.56	−7.2	−14 120.33	13.12	5.02
交通建设用地	−5 654.20	−6 490.48	−7 215.71	−0.4	−1 561.51	27.62	9.89
水域	969 000.44	953 226.39	940 510.98	55.9	−28 489.46	−2.94	1.22
其他用地	670.39	662.85	650.76	0.0	−19.63	−2.93	1.22
总值	1 738 500.61	1 706 291.33	1 679 967.56	100.0	−58 533.05	−3.37	1.21

表 3-9 中各数据的变异系数皆<15%，表明数据正常，无须剔除。由表 3-9 可以很直观地发现福建海岸带区域生态系统服务整体价值呈下降的趋势，其总值从初始阶段的 1 738 500.61 万元减少到结束阶段的 1 679 967.56 万元，变化率为 −3.37%，下降值较大。从各类型景观的视角分析，除草地外其他景观的生态系统服务价值一直在减少。从价值减少的绝对值进行比较，水域景观减少最多，共减少了 28 489.46 万元，城镇村及工矿用地景观减少数量排第二，共减少了 14 120.33 万元。所有景观中草地的生态系统服务价值是唯一有所增加的景观，增加绝对值为 128.20 万元，这可能是由于福建海岸带区域一直在推进荒坡治理工程，同时改良牧草地，增加了草地景观的效益，从而推动其生态系统服务价值提升。从各景观生态系统服务价值变化幅度分析，城镇村及工矿用地和交通建设用地景观的生态系统服务价值变化的程度较大，城镇村及工矿用地景观价值变化率为 13.12%，而交通建设用地景观价值变化率甚至达到了 27.62%。从各景观产生的生态系统服务价值贡献率（表 3-9）来分析，水域、林地、园地和耕地景观对研究区整体生态系统服务价值贡献率较大，而城镇村及工矿用地与交通建设用地景观虽然扩张得最快，但其贡献率较小。值得注意的是，贡献率占比之和达90%的林地和水域景观的生态系统服务价值却一直在下降，这可能是因为城镇扩张的进程中林地遭到了一定的破坏，使得水土流失等问题产生，导致林地生态系统服务价值下降，进而产生水源污染、保水能力下降导致水域生态环境退化，水域生态系统服务价值也下降；湿地等景观本身面积小，对整体的生态系统服务价值的贡献度一般；同时，城镇村及工矿用地、交通建设用地景观对研究生态系统服务价值产生负向作用且负值一直在增加，这也是研究区生态系统服务价值不断下降的一个重要原因。

测算得到的各生态系统服务功能所提供的服务价值变化情况见表 3-10。

表 3-10　2000～2018 年各生态系统服务功能的服务价值

生态系统服务功能	2000 年/万元	2010 年/万元	2018 年/万元	2000～2018 年变化值/万元	2000～2018 年变化率/%	变异系数/%
食物生产	35 181.29	35 001.82	34 830.03	−351.26	−1.00	0.41
原料生产	29 466.80	29 427.00	29 388.91	−77.89	−0.26	0.06
水资源供给	55 082.53	55 003.53	55 529.16	446.63	0.81	0.38
气体调节	69 287.37	69 142.82	69 004.45	−282.92	−0.41	0.10
气候调节	259 089.70	259 014.18	258 941.88	−147.82	−0.06	0.02
净化环境	114 837.62	114 815.70	114 794.71	−42.91	−0.04	0.02
水文调节	914 667.02	91 316.02	914 191.79	−475.23	−0.05	0.02
土壤保持	74 823.47	74 739.02	74 658.17	−165.30	−0.22	0.09
维持养分循环	10 446.19	10 421.02	10 396.92	−49.27	−0.47	0.19
生物多样性	114 750.49	114 722.88	114 696.45	−54.04	−0.05	0.02
景观美学	59 292.46	59 280.28	59 268.62	−23.84	−0.04	0.02

如表 3-10 所示，2000～2018 年福建海岸带景观的各项生态系统服务功能所提供的服务价值除水资源供给外都呈下降趋势。水资源供给功能的服务价值增加，主要原因在于，为确保沿海地区水资源供给安全，福建不断加大水源由闽西向闽东的调度。研究期间，水文调节功能的服务价值量减少了 475.23 万元，成为本地生态系统服务功能退化最为严重的一类，这与沿海地区人口、经济的持续集聚密切相关。气体调节功能和食物生产功能的服务价值也分别减少 282.92 万元和 351.26 万元，而景观美学功能下降得最少。

三、生态系统服务价值敏感性分析

为了解各类型景观的变化对生态系统服务价值造成的具体影响，采用敏感性指数模型进行分析，具体模型如下：

$$CS = \left| \frac{(ESV_j - ESV_i / ESV_i)}{(VC_{jk} - VC_{ik}) / VC_{ik}} \right| \qquad (3-11)$$

式中，CS 为景观类型 i 的生态系统服务价值敏感性指数；ESV_i 为研究区原始的生态系统服务价值；ESV_j 为调整后的生态系统服务价值；VC_{jk} 和 VC_{ik} 为生态系统类型调整前和调整后的单位面积生态系统服务价值当量；k 为生态系统类型。测算结果如表 3-11 所示。

表 3-11 2000～2018 年研究区各景观类型的生态系统服务价值敏感性指数

景观类型	2000 年	2010 年	2018 年
耕地	0.116	0.115	0.116
林地	0.773	0.764	0.776
园地	0.071	0.071	0.072
草地	0.022	0.021	0.023
湿地	0.051	0.063	0.061
城镇村及工矿用地	0.012	0.013	0.014
交通建设用地	0.006	0.006	0.007
水域	0.262	0.265	0.264
其他用地	0.031	0.027	0.026

如表 3-11 所示，林地和水域景观在研究期内的生态系统服务价值敏感性指数都处于高值，到 2018 年，敏感性指数分别为 0.776 和 0.264，表示林地和水域景观每增加 1% 的单位面积生态系统服务价值，整个福建海岸带区域的生态系统服务价值将分别增加 0.776% 和 0.264%，说明林地和水域景观的变化能够对研究区生态系统服务价值产生很大的影响。

第三节　各行政区生态系统服务价值变化

为了更直观地反映福建海岸带区域生态系服务价值在空间上的分布变化，并且为优化生态系统服务提供政策依据，以福建海岸带各县（市、区）级行政区作为研究单位，运用 GIS 工具将数据叠加测算出福建海岸带区域县（市、区）级行政区的地均 ESV 值（单位面积的生态系统服务价值），用于横向对比。本研究采用自然断点法将各县域的生态系统服务价值分为低价值、较低价值、中等价值、较高价值、高价值 5 个等级，得到福建海岸带县域生态系统服务价值时空分布图，如图 3-2 所示。

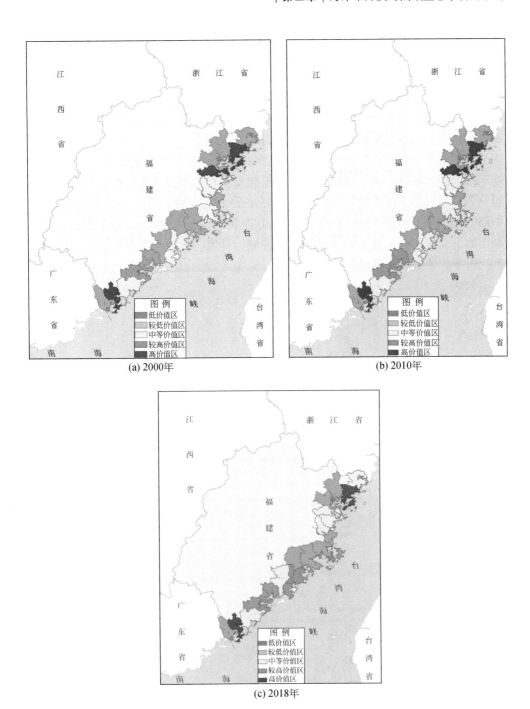

(a) 2000年

(b) 2010年

(c) 2018年

图3-2 福建海岸带地区县域生态系统服务价值时空分布

从总体来看，2018 年霞浦县和云霄县的地均 ESV 值处于高价值等级范围内；厦门市境内的同安区、翔安区、集美区、思明区、湖里区等地区的地均 ESV 值处于低价值等级范围内；漳州的龙海市①，泉州的晋江市、丰泽区、洛江区等地区的地均 ESV 值处于较低价值等级范围内；宁德的福安市、蕉城区，福州的福清市、长乐区，莆田市全域，漳州的诏安县，以及平潭综合实验区等地区的地均 ESV 值处于较高价值等级范围内，而其余城市的地均 ESV 值稳定于中等价值范围内。从数量上来看，2018 年处于高价值和较高价值等级的城市数量有所下降，处于低价值和较低价值等级的城市数量增加，生态系统服务价值整体下降；从空间分布来看，高生态系统服务价值的县域主要为南部的云霄县和北部的霞浦县，中部区域城市的地均 ESV 值下降较多，这是因为厦漳泉地带经济发达，城镇建设用地、交通建设用地不断蔓延，挤占耕地、草地、林地等景观类型，造成生态系统服务价值有所下降。

---

① 2021 年，撤销龙海市，设立龙海区。

中篇：海岸带资源环境承载力评价

|第四章| 基本概念与评价框架

第一节 基础概念界定

一、海岸带

20世纪60年代，美国首先发现其国内海岸带环境和资源压力过大、承载能力有限，可持续利用受到威胁，为此，率先提出"海岸带"的概念，随后又提出了"海洋和海岸带综合管理"的概念，并于1972年颁布了《海岸带管理法》。随后，日本、英国、澳大利亚和加拿大等国也针对海岸带研究与开发进行了专门的规划与组织。目前，海岸带研究作为一项关注海-陆-人类社会复合界面的跨学科研究，受到各临海国家和地方政府、研究机构与研究者越来越多的关注和重视（Turner et al., 1995；刘瑞玉和胡敦欣，1997；罗伯特和杰奎琳，2010；史培军等，2006；韩增林和刘桂春，2007；张耀光，2008）。

广义的海岸带主要由以下几部分组成（冯士筰等，2010）：①海岸，平均高潮线以上的沿岸陆地部分，通常也称潮上带；②潮间带，介于平均高潮线与平均低潮线之间的部分；③水下岸坡，平均低潮线以下的浅水部分，一般也称潮下线；④古海岸，指已脱离波浪活动影响的沿岸陆地部分（图4-1）。

不同国家、地区和国际组织对海岸带边界有不同的划分标准（表4-1）。例如，美国《海岸带管理法》明确将海岸带定义为沿海水域以及与其相接的沿岸土地共同组成的地域，受水、陆两大系统强烈影响，主要包括岛屿、高潮线与低潮线之间的过渡区域、盐沼区、湿地和海滩（Tzatzanis et al., 2003；Crossland et al., 2005），同时还将岛屿、高潮线与低潮线之间的过渡区域、盐沼区、湿地和海滩作为陆向界限，将低潮线作为海向界限，划定海岸带的空间范围；南非《国家环境管理：海岸综合管理法》将海岸带定义为包含沿海公共财产、沿海保护区、沿海通道、海岸线、水域以及专属经济区等的区域；《地中海海岸区域综

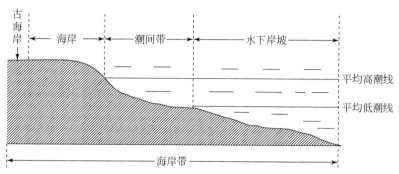

图 4-1　海岸带及其组成部分示意图

资料来源：冯士筰等（2010）

合管理议定书》（Mediterranean ICZM Protocol，2008）将海岸带定义为海洋系统与陆地系统共同组成的地理单元，既是由有机体和无机体共同组成的复杂生态与资源系统，又是人类集聚与社会经济活动集中的区域。

表 4-1　海岸带边界的划分标准

国家与地区	陆向界限	海向界限
美国（《海岸带管理法》）	岛屿、高潮线与低潮线之间的过渡区域、盐沼区、湿地和海滩	低潮线
美国（美国国家海洋和大气管理局）	满足以下条件之一：①基于沿海流域划分，"沿海县"必须满足"至少15%的县域面积在沿海流域内"条件；②利用国家现有的行政区划（沿海的县、市）来确定海岸带；③基于联邦应急管理署百年沿海海水风险区划分来确定的县域	—
美国新泽西州	城市距离海岸 0.030～30km	潮汐，海湾及州属海域
美国罗得岛州	从海岸线向陆地 200 尺[①]范围之内	3n mile[②]领海区（捕鱼不受限制）
美国夏威夷州	除森林自然保护区之外的全岛范围	州属领海
英国	由海岸线向陆向延伸300m	从登陆艇登陆水深算起
澳大利亚	从平均高潮线算起100m以内	从海岸线算起至3n mile以内

① 1 尺 =1/3m。

② 1n mile = 1.852km。

国家与地区	陆向界限	海向界限
文莱	全岛和从平均高潮标志向陆地 1km 范围，且全年未被潮汐淹没的地区	从平均高潮标志向海200m 等深线
墨西哥	陆地地域、岛屿	领海
印度尼西亚	行政范围和特殊环境区	60m 等深线
马来西亚	区界限	离海岸线 20km
菲律宾	沿海自治区和以半咸水养殖业为主的内陆自治区	2.54m 等深线
新加坡	整个岛区	领海和离岛
泰国	区界	浅层大陆架
哥斯达黎加	从平均高潮标志向陆地 200m 范围	无
斯里兰卡	从平均高潮标志向陆地 300m 范围	从平均低潮标志向海 2km 地区
厄瓜多尔	主要依据五大特殊管理区范围	—
中国	由海岸线向陆地延伸 10km 左右	向海至水深 10～15m 等深线处，或基于海岸线向海延伸 12nmile

资料来源：作者通过文献资料整理所得

当前，不同国家对海岸带范围的划分方法和重要参数指标选取颇为不同，主要有四类划分标准：自然标准、行政边界、距离划分和环境单元（栾维新等，2004；晏维龙和袁平红，2011）。

（1）自然标准。美国《海岸带管理法》规定参与海岸带综合管理计划的州有权自由定义其海岸带地区范围。其优点在于易于描述和理解海岸带地区自然生态特征，将与之相关的区域范围统一划定，但由于不考虑行政区划范围，政府规划执行、管理、监督存在不便之处。

（2）行政边界。美国国家海洋和大气管理局（National Oceanic and Atmospheric Administration，NOAA）基于行政区对社会科学数据集收集、建立和实施评价的基底支撑作用，以县域为划分尺度，提出"沿海县"的概念，将其视为较具共识性、辨识性的用以描述海岸带人类活动范围的概念。"沿海县"的确定又基于不同的划分标准，可分为以下几种：①基于沿海流域划分，"沿海县"必须满足"至少15%的县域面积在沿海流域内"条件；②利用国家现有的行政区划（沿海的县、市）来确定海岸带；③基于联邦应急管理署百年沿海海水风险区划分来确定的县域。按照此类方法进行海岸带范围划分的优点在于边界清晰、管理便捷，而缺点在于不能把所有具有海岸带生态特征的地区都包括进来，尤其是近海而不临海的行政区。

（3）距离划分。多以海岸线为基线，向海、向陆划定一定距离作为区域范围。不同国家用以定义海岸带范围的距离标准明显不同，如英国在其海岸带划分过程中将向陆一侧范围定义为300m，而向海一侧范围则从登陆艇登陆水深算起；澳大利亚则将陆向一侧范围定义为从平均高潮线算起约为100m以内的陆地空间，向海一侧范围定义为从海岸线算起至3n mile以内的区域。我国《中国海岸带和海涂资源综合调查报告》将海岸带范围标准定义为：由海岸线向陆地延伸10km左右，向海至水深10~15m等深线处，或是基于海岸线向海延伸12n mile作为海域范围。该方法的优点是易于定量划定、明确范围，缺点是可能将部分不具有海岸带基本特征的地区划入。

（4）环境单元。主要以环境单元作为依据，划定海岸带范围，如厄瓜多尔以五大特殊管理区范围来划定海岸带范围。这一方法具有可靠的科学依据，但不易被社会非专业人士理解，不便于公众参与到其管理决策之中。

由此可见，海岸带划分标准具有多样性，可根据管理目标来进行划分。综合上述对"海岸带"的定义，考虑到研究的可行性、所需数据收集的可操作性，以及案例区的实际情况，本书中所指"海岸带"范围设定为县级尺度下、具有海岸线的市辖区、县域及县级市行政区范围。其中，海域空间范围参考《福建省海洋功能区划（2011—2020）》成果，确定为海岸线向海一侧至领海外部界限。

二、海岸线及其分类

（一）海岸线的概念

海岸线，一般可以认为是划分海水与陆地的分界线。虽名为"线"，但由于潮水涨落引起海陆分界线位置在空间上的摆动，抽象的"海岸线"实际上是高低潮间具有一定宽度的带状区域（索安宁等，2015）。因此，现实空间中并不存在明确而固定的线要素。为此，选取一定的指示地物并制定一定的标准来明确这样一条抽象线要素的准确位置，成为海岸线勘测和研究需要解决的首要问题，并由此产生了指示岸线。

指示岸线可以分为两大类：第一类是基于海水运动痕迹的目视可辨识岸线，即在遥感影像和野外现场肉眼可分辨的线要素，如干湿分界线、植被分界线、杂物堆积线、峭壁基底线、侵蚀陡崖基底线、瞬时大潮高潮线等；第二类是基于潮汐数据的指示岸线，即海岸带垂直剖面与利用实测潮汐数据计算的某一海平面的交线，如平均低潮线、平均海平面线（多年潮汐数据计算的平均海平面与海岸带垂直剖面的交线）、平均大潮高潮线（多年潮汐数据计算的平均大潮高潮面与海岸带垂直剖面交线）等（图 4-2）。

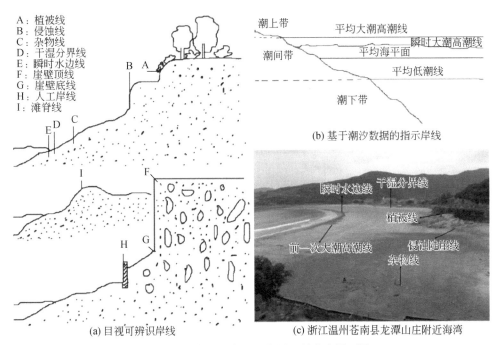

A：植被线
B：侵蚀线
C：杂物线
D：干湿分界线
E：瞬时水边线
F：崖壁顶线
G：崖壁底线
H：人工岸线
I：滩脊线

潮上带　　　　平均大潮高潮线
　　　　　　　　　　瞬时大潮高潮线
潮间带　　　　平均海平面
　　　　　　　　平均低潮线

潮下带

(b) 基于潮汐数据的指示岸线

瞬时水边线　干湿分界线
　　　　　　　植被线
前一次大潮高潮线　侵蚀陡崖线
　　　　　　杂物线

(a) 目视可辨识岸线

(c) 浙江温州苍南县龙潭山庄附近海湾

图 4-2　常见指示岸线空间位置示意图（毋亭和侯西勇，2016）

对于海岸线定义的具体表达方式，我国现有海岸线定义存在学术界与官方两种主要表述模式。学术界主要继承国际海岸线研究的抽象定义（Boak and Turner，2005），一直以来较为稳定地以"陆地表面与海洋表面的交界线"等表述形式定义海岸线，强调"海陆分界"的抽象异质界限划定标准；而国内官方则以"多年大潮平均高潮位时海陆分界痕迹线"的表述方式定义海岸线，更加注重海陆临界理论性与指示岸线选择可操作性的统一。以官方表述形式为例，其发展与完善大致经历了以下三个阶段（表 4-2）。

（1）从新中国成立到 20 世纪 90 年代，我国政府开展了"全国海岸带和海涂资源综合调查"等岸线资源环境实地调查工作，但国内学术界和官方尚未对海岸线进行明确而严格的定义。因此，在进行海岸线变迁研究和岸线测绘统计工作中，海岸线定义模糊的情况时常出现（赵明才和章大初，1990）。

（2）从 20 世纪 90 年代末到 21 世纪初，经过前期岸线实地研究和理论分析过程的深入，较为官方的海岸线定义出现，但定义不统一的问题仍然存在。《海道测量规范》（GB 12327—1998）以近似定义的字句提出了"海岸线以平均大潮高潮时所形成的实际痕迹进行测绘"的海岸线实地测绘方法指导，2000 年颁布的《海洋学术语 海洋地质学》中首次给出了海岸线的定义：多年大潮平均高潮位时海陆分界线。虽然出现了较为明确的海岸线定义，但是二者之间仍然存在关注重点和表述方式的不同：前者更加强调"痕迹线"在测绘实践中的重要意义，而后者更加关注"多年大潮平均高潮位"的岸线基准选择和"海陆分界线"的临界标准。

表 4-2　海岸线定义表述方式与特点

学术界定义		官方定义	
表述方式	特点	表述方式	特点
陆地表面与海洋表面的交界线	表述较为稳定，强调海陆分界的抽象异质界限	从新中国成立到 20 世纪 90 年代	略最高高潮面时的海水与陆地的分界线	海陆临界理论性与指示岸线选择可操作性的统一
		20 世纪 90 年代末到 21 世纪初	多年大潮平均高潮位时海陆分界痕迹线	
			海岸线以平均大潮高潮时所形成的实际痕迹进行测绘	
		21 世纪以后	平均大潮高潮时水陆分界的痕迹线	
			多年大潮平均高潮位时海陆分界痕迹线	

（3）21 世纪以后，海岸线定义逐渐统一和明确。伴随对海洋环境、岸线资源的日益重视，2002 年《中华人民共和国海域使用管理法》为规定内水领域范围，给出了"本法所称内水，是指中华人民共和国领海基线向陆地一侧至海岸线的海域"的表述，以法律文件形式赋予了海岸线重要的意义。其后，随着国家海洋局牵头的近海海洋综合调查与评价专项（"908 专项"）工作开展，《海岸带调查技术规程》简称《规程》综合了 20 世纪海岸线定义表述的偏差，成为我国现行海岸线定义的底本。《规程》中明确将海岸线定义为"平均大潮高潮时水陆分界的痕迹线"。近年来，最新的《海洋学术语 海洋地质学》又进一步对海岸线的定义重新做了修正和完善，表述为"多年大潮平均高潮位时海陆分界痕迹线"，该定义既关注了"痕迹线"的测绘实践意义，也保留了"多年大潮平均高潮位""海陆分界"的临界基准确定思想，成为我国官方现行海岸线变迁研究和岸线计量统计的定义标准。

(二) 海岸线的分类

将海岸线进行分类和研究的时间晚于对海岸线位置确定和表述方式的探讨，我国最早的海岸线分类方案出自 "908 专项"，在海岛海岸带卫星遥感调查工作中，海岸线划分为自然岸线和人工岸线 2 个海岸线一级类，自然岸线内部又进一步细分为基岩岸线、砂质岸线、粉砂淤泥质岸线和生物岸线 4 个海岸线二级类（表 4-3）。

表 4-3 "908 专项" 海岸线分类方案

一级类	二级类
自然岸线	基岩岸线
	砂质岸线
	粉砂淤泥质岸线
	生物岸线
人工岸线	

在全国范围和地方层面长期的海岸开发保护和实践工作基础上，以高校、科研院所为代表的学术界对于以上岸线分类体系进行了更加深入的探讨（表 4-4）。例如，索安宁等（2015）总结了依据不同的海岸线分类体系，如依据自然属性改变与否，海岸线分为基岩岸线和人工岸线；依据海岸线底质和空间特征，海岸线划分为基岩岸线、砂质岸线、淤泥质岸线、生物岸线和河口岸线；依据海岸线实际或规划功能，海岸线划分为渔业、港码、工业、矿产能源等九种功能类型等。高义等（2013）根据海岸环境及海岸开发状况将海岸线分为养殖围堤、盐田围堤、农田围堤、码头岸线、建设围堤与交通围堤 6 个二级类。闫秋双（2014）建立围填海分类体系，将苏沪大陆海岸分为养殖围海、盐田围海、其他围海、城建填海、农业填海、港口码头填海、其他填海的海岸类型。侯西勇等（2016）在 "908 专项" 的分类基础上进一步细分人工岸线的二级类，提出了包含 11 种二级类别的中国大陆岸线分类方法。许宁（2016）将中国大陆人工岸线划分为养殖围堤、盐田围堤、农田围堤、建设围堤、港口码头、交通围堤、护岸海堤、丁坝 8 类。刘永超等（2016）将人工岸线细分为养殖岸线、建设岸线、防护岸线、娱乐休闲岸线、港口码头岸线 5 类。叶梦姚等（2017）则着重考虑岸线开发方式对地区资源环境的影响差异，对人工岸线的内部分类进行了简化，将人工岸线分为城镇与工业岸线、防护岸线、港口码头岸线、养殖区岸线 4 类。总之，专家和学者们对于自然海岸线的分类较为统一，大体与国家海岸带调查技术规程一致，而对于人工岸线的二级分类认识较为多样化。

表 4-4　部分高校、科研院所海岸线分类方案

中国科学院烟台海岸带研究所		宁波大学	
一级类	二级类	一级类	二级类
自然岸线	基岩岸线	自然岸线	基岩岸线
	砂砾质岸线		砂砾质岸线
	淤泥质岸线		淤泥质岸线
	生物岸线		河口岸线
人工岸线	丁坝与突堤岸线	人工岸线	养殖岸线
	港口码头岸线		港口码头岸线
	围垦（中）岸线		建设岸线
	养殖围堤岸线		防护岸线
	盐田围堤岸线		
	交通围堤岸线		
	防潮堤岸线		

　　2017 年我国首个关于海岸线的纲领性文件《海岸线保护与利用管理办法》明确了以"实现自然岸线保有率管控"为目标的岸线保护、利用与整治修复管控总纲；自然资源部在随后进一步强调了岸线资源的重要意义，向地方政府提出了海岸线修测与调查统计的工作建议。随后，浙江、山东、广东等省相继出台了海岸线调查统计技术规范、海岸线价值评估技术规范等地方性岸线调查与统计规范，均依据各省岸线资源实际情况与调查修测需求，对岸线分类体系做出了一定细化调整（表 4-5）。

三、资源环境承载力评价预警

　　18 世纪 Malthus 的人口理论最早涉及资源环境承载力的概念，在该理论中 Malthus 认为资源是有限的并影响人口的增长。1921 年，人类生态学家 Park 和 Burgess 明确提出承载力的定义，即"在一特定的环境条件下（主要是生存空间、营养物质、阳光等生态因子的组合），某种类个体存在数量上的最高限度"。1948 年，美国学者 William 提出了土地资源承载力的概念，他指出土地为人类提供饮食住所的能力由其生产潜力决定（William，1949）。1972 年，罗马俱乐部发表《增长的极限》，报告指出了世界发展趋势，明确提出了资源环境承载力概念，并指出人类社会的发展是由工业化的快速发展、人口的剧增、粮食的私有制、非再生资源的枯竭化和生态环境的恶化这五种相互作用、相互牵制的发展趋势构成

的（Meadows，1972）。20世纪80年代，人们形成了区域复合生态系统协调发展这一新共识，该时期产生了生态承载力的概念。1987年，世界环境与发展委员会在《我们共同的未来》报告中正式提出"既要满足当代人发展的需要又不牺牲下一代人满足其需要的能力"，可持续发展理论进一步丰富了资源环境承载力的深刻内涵。在可持续发展基本纲领的指导下，国内专家学者从不同视角提出了资源环境承载力的多种定义（牛文元等，1994；毛汉英和余丹林，2001）。虽然这些定义多种多样，但是学者们普遍认为，资源环境承载力作为评价自然资源环境与社会经济发展协调度的重要标杆，反映了人类活动与资源环境相互影响的界面。

表 4-5 地方性海岸线分类方案（部分省份）

浙江《海岸线调查统计技术规范》(DB33/T 2106—2018) 海岸线分类方案		山东《海岸线调查技术规范》(DB37/T 3588—2019) 海岸线分类方案		广东《海岸线价值评估技术规范》(DB44/T 2255—2020) 海岸线分类方案	
一级类	二级类	一级类	二级类	1. 按属性分类	
自然岸线	基岩岸线	自然岸线	基岩岸线	一级类	二级类
	砂砾质岸线		砂（砾）质岸线	自然岸线	基岩岸线
	淤泥质岸线		粉砂淤泥质岸线		砂质岸线
	红土岸线				泥质岸线
人工岸线	海堤	人工岸线			生物岸线
	码头			生态恢复岸线	
	船坞			2. 按利用类型分类	
	防潮闸			渔业岸线	
	道路		河口岸线	工业岸线	
	其他类型人工岸线	其他岸线	具有自然岸滩形态和生态功能的海岸线	交通运输岸线	
河口岸线				旅游娱乐岸线	

综上所述，资源环境实质是指社会经济发展依托的自然基础，包括影响人类生产生活活动的所有自然条件，如资源、环境、生态、灾害等。承载力通常是指一个承载体对承载对象的支撑能力，而资源环境承载力是指作为承载体的自然基础对作为承载对象的人类生产生活活动的支持能力，具体可以表达为，在承载不断变化的人类生产生活活动时，资源环境系统进入不可持续过程时的阈值或阈值区间，即资源环境系统对社会经济发展具有上限约束作用。

资源环境承载力监测预警，是指通过对资源环境超载状况的监测和评价，对区域可持续发展状态进行诊断和预判，为制定差异化、可操作的限制性措施奠定基础。一般而言，伴随社会经济发展压力的不断增加，资源环境即承载体的损耗将不断增加，资源环境供给能力随之下降，承载体的脆弱性不断增强（图4-3）。在人类经济活动中的资源环境需求和资源环境供给能力相互作用的过程中，承载对象压力曲线（图4-3中实曲线）与承载体脆弱性曲线（图4-3中横向曲线）形成3个重要的阈值节点（或阈值区间），即点A、B、C，分别为临界超载、超载、不可逆。临界超载是指可能发生惯性逼近超载的状态，或治理与调控的成本激增的拐点。超载是指承载体难以满足承载对象压力增长需要，或承载体将出现恶化的状态。不可逆则是指采取任何干扰措施都无法恢复承载体的原有状态。因此，资源环境承载力预警，既要对阈值进行研究并对相应状态进行预警，同时也要对阈值之间的变化过程进行诊断并对相应状态进行预警。也就是说，资源环境承载力预警以可持续性调控为功能定位，既可以通过确定资源环境约束上限或人口经济合理规模等关键阈值的方式进行超载状态的预警，也可以通过自然基础条件的变化或资源利用和环境影响的变化态势进行可持续性的预警。

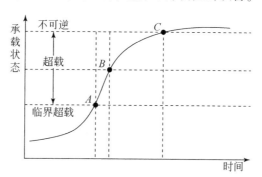

图4-3　资源环境承载力监测预警过程及内涵

第二节　评价框架构建

　　构建完整的评价指标体系是进行资源环境承载力研究的核心内容之一，其中最具影响力的评价指标体系是联合国环境规划署（United Nations Environment Programme，UNEP）的 Driving Force-Pressure-State-Impact-Response，DPSIR）概念框架。驱动力（Driving Force）、压力（Pressure）、状态（State）、影响（Impact）和响应（Response）是 DPSIR 模型的五个组成部分。每个部分包含同一种类型的指标，然后又向下分为其他若干指标项，主要涉及经济、社会、环境、政策等多方面因素，不仅反映出环境受社会、经济发展和人类行为的影响，也体现了人类活动和最终导致的环境状况对社会的反作用。国内学者建立了不同的评价指标体系，主要应用于资源环境承载力的单要素评价、综合评价、不同应用领域或不同区域评价等。其中，具有代表性的是樊杰（2009，2016）把自然地理条件、地质条件、次生灾害危险性、生态环境条件和社会经济发展基础等 12 项综合指标应用于汶川、舟曲、庐山、玉树地区的承载力评估。总之，资源环境承载力评价指标体系逐渐涵盖资源、环境、生态、社会经济等多个系统的综合性、系统性指标群，其不同系统的评价指标之间既相互影响又相互制约。为此，本研究基于《资源环境承载能力监测预警技术方法（试行）》（简称《技术方法》）中陆域、海域2 个系列的预警指标体系，进行海岸带地区资源环境承载力监测预警。

一、基本原则

（1）立足功能定位、兼顾发展阶段。以资源环境承载力全覆盖评价为基础，结合福建主体功能区规划的区域类型划分和主体功能定位，按照资源环境对主体功能的承载状态，确立差异化的监测预警指标体系、关键阈值和技术途径；针对不同类型主体功能区，根据经济社会发展阶段、生态环境系统演变阶段的基本特征，修订和完善关键参数，调整和优化技术方法。

（2）服从总量约束、满足红线要求。对地处同一流域，或区域生态系统和行政区范围内的县级单元进行承载能力监测预警，必须以整个区域水土资源、环境容量的总量控制为前提；同时，满足有关部门对生态红线、水红线、环境红线、土地红线等的基本要求；在单项资源环境要素对可持续发展具有关键作用的区域，实施一票否决制。

（3）注重区域统筹，突出过程调控。根据监测预警单元的发展状态对其他相关区域的影响效应，调整预警参数和方法；综合比较资源环境质量、资源环境支撑社会经济发展的效率、社会经济发展的资源环境效应的历史变化特征值，进行综合评估；按照不同的资源环境和经济社会发展类型，确定超载预警区间和监测路线图，增强预警的前瞻性。

（4）单要素分项评价与多要素集成评价相结合。针对承载体和承载对象相互作用过程和机理的复杂性，开展单要素分项评价与多要素集成评价相结合的综合评估。基于资源环境基础指标、不同地域功能类型的特征指标单项评价，刻画区域资源环境要素的上限约束或组合约束特征。将资源环境要素的单项评估与经济社会发展状态评估相结合，综合测度资源消耗、环境效应及承载状态。

二、技术路线

参照《技术方法》中陆域、海域 2 个系列的预警指标体系，进行海岸带地区资源环境承载力监测预警。分别采用土地建设开发压力指数、水资源利用强度、污染物浓度超标指数和生态系统健康度对陆域空间的土地资源、水资源、环境和生态四项基础要素进行全覆盖评价。根据我国海洋开发利用状况及海洋资源环境状况，海洋资源环境承载力一般由多类专项承载能力构成，主要包括海域空间资源承载能力、海洋生态环境承载能力、海岛资源环境承载力等。为此，可采用岸线开发强度、海域开发强度对涉海县级行政区进行海洋空间资源评价；采用渔业资源综合承载指数对海洋渔业资源进行评价；采用海洋功能区水质达标率、浮游动物和大型底栖动物、生物密度变化量对海洋生态环境进行评价；采用开发强度、植被覆盖率对海洋资源环境进行评价。

具体技术路线见图4-4。

第一，开展陆域评价和海域评价。综合考虑陆域土地资源、水资源、生态环境状况，以及海洋空间资源、渔业资源、生态环境状况等要素，构建指标体系，对所有县级行政单元进行全覆盖评价。

第二，确定陆域和海域超载类型。根据陆域评价和海域评价结果，采取"短板效应"原理，将陆域、海域基础评价与专项评价中任意一个指标超载、两个及以上指标临界超载的组合确定为超载类型，将任意一个指标临界超载的县级行政区确定为临界超载类型，其余为可载类型。

第三，确定陆域和海域预警等级。针对超载类型开展过程评价，根据资源环境耗损与趋缓程度，进一步确定陆域和海域的预警等级。其中，超载区域分为红色和橙色两个预警等级，临界超载区域分为黄色和蓝色两个预警等级，可载区域为绿色无警。

第四，统筹陆域和海域超载类型和预警等级。将海岸线开发强度、海洋环境承载指标和海洋生态承载指标3个指标的评价结果分别与陆域沿海县（市、区）基础评价中的土地资源、环境和生态评价的结果进行复合，调整对应指标的评价值，实现同一行政区内陆域和海域超载类型和预警等级的衔接协调。

第五，超载成因解析与政策预研。识别和定量评价超载关键因子及其作用程度，解析不同预警等级区域资源环境超载原因。从资源环境整治、功能区建设和监测预警长效机制构建三个方面进行政策预研，为超载区域限制性政策的制定提供依据。

三、指标体系

（一）陆域评价

立足海岸带地区资源环境特征，依据土地资源、水资源、环境、生态四项基

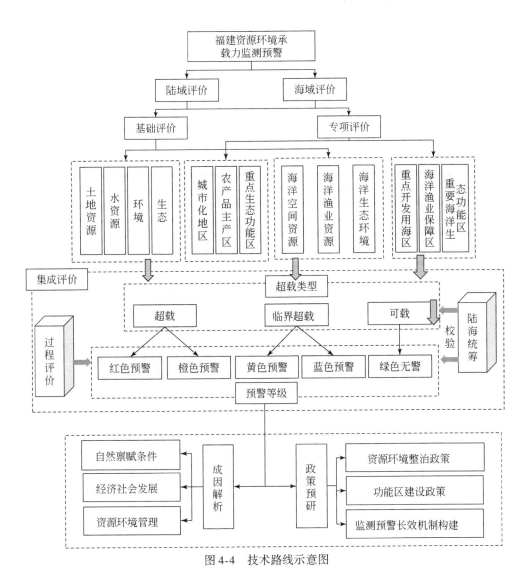

图 4-4　技术路线示意图

础要素的地域分异规律，科学构建承载能力评价技术体系，采用土地建设开发压力指数、水资源利用强度、污染物浓度超标指数和生态系统健康度等指标，对所有县级行政单元开展评价，确定开发阈值，划分超载类型，解析超载成因。

1. 土地资源评价

采用土地建设开发压力指数表征地区现状建设开发程度与适宜建设开发程度的偏离程度，评价地区土地资源条件对人口集聚、工业化和城镇化发展的支撑能力。

1）承载本底评价

通过分析筛选影响土地建设开发的主要限制性因素，开展区域土地建设开发适宜性评价，明确各县级行政区的土地资源建设开发本底条件——土地建设开发的适宜程度及其分布，为土地建设开发承载状态评价提供基础依据。

（1）土地建设开发影响要素筛选与分类。

结合海岸带地区土地资源禀赋和利用特点、地形、地质条件及基础资料收集情况，可选择 9 个影响土地建设开发的限制性因子（要素），分别为永久基本农田、生态保护红线（一级管控区）、生态保护红线（二级管控区）、行洪通道、难以利用土地、一般农用地、地壳稳定性、地形坡度、突发地质灾害。此外，根据各限制性因子对土地建设开发的限制程度不同，将影响土地建设开发的限制性因子划分为两类：强限制性因子和较强限制性因子（表 4-6）。

表 4-6　土地建设开发的限制性因子分类

因子类型	分类
强限制性因子	永久基本农田
	生态保护红线（一级管控区）
	难以利用土地
	行洪通道
较强限制性因子	一般农用地
	地壳稳定性
	地形坡度
	突发地质灾害
	生态保护红线（二级管控区）

（2）土地建设开发适宜性评价。

以上述 9 个影响土地建设开发的限制性因子作为评价指标，采用限制系数法，在 GIS 支持下对区域土地建设开发适宜性进行定量化评价。

依据评价因子对土地建设开发影响程度的不同，对强限制性因子和较强限制性因子两类评价因子分别进行分类赋值。其中，强限制性因子采用"一票否决"制，即落入强限制性因子范围内的区域，直接划为不可建设，其余部分纳入较强限制因子评价范畴，赋值为 0 和 1；对较强限制性因子，参照《技术方法》确定的分类赋值，对福建全省海岸带地区优化开发区和重点开发区（表 4-7）内的土地建设开发适宜性评价因子进行分类赋值（表 4-8）。

结合福建地形特点和土地资源禀赋特点，本研究对地形坡度的分类赋值进行了调整；此外，本研究采用地震动峰值加速度作为地壳稳定性因子的分类指标，地震动峰值加速度按照《中国地震动参数区划图》（GB 18306—2015）进行分级。

表4-7　福建海岸带地区各县（市、区）陆域空间主体功能

主体功能区类型（数量）	县（市、区）
优化开发区（4个）	福州市：马尾区； 泉州市：丰泽区； 厦门市：湖里区、思明区
重点开发区（29个）	福州市：福清市、长乐区、连江县、罗源县； 厦门市：集美区、海沧区、翔安区、同安区； 莆田市：城厢区、涵江区、荔城区、秀屿区、仙游县； 泉州市：石狮市、晋江市、洛江区、泉港区、南安市、惠安县； 漳州市：龙海市、漳浦县、云霄县、诏安县、东山县； 宁德市：蕉城区、福安市、福鼎市、霞浦县； 平潭综合实验区：平潭县

资料来源：《福建省主体功能区规划》

表4-8　优化开发区、重点开发区土地建设开发适宜性评价因子分类赋值

因子类型	因子	分类	赋值
强限制性因子	永久基本农田	基本农田保护区	0
		其他	1
	生态保护红线 （一级管控区）	生态红线一级管控区	0
		其他	1
	行洪通道	河流	0
		其他	1
	难以利用土地	湖泊、水库等	0
		其他	1
较强限制性因子	一般农用地	高于平均等耕地	60
		低于平均等耕地	80
		园地、林地、人工草地	90
		其他	100
	地壳稳定性	极不稳定（>0.20）	40
		不稳定（0.15~0.20）	60
		次不稳定（0.10~0.15）	80
		稳定（≤0.05）、次稳定（0.05~0.10）	100

续表

因子类型	因子	分类	赋值
较强限制性因子	地形坡度	>25°	20
		15°~25°	50
		6°~15°	80
		0°~6°	100
	突发地质灾害	高易发区	20
		中易发区	50
		低易发区	80
		无地质灾害风险	100
	生态保护红线（二级管控区）	生态红线二级管控区	20
		其他	100

　　邀请高等院校、科研单位、国土资源等部门长期从事土地评价工作的专家，综合考虑各县级行政区的主体功能定位，按优化开发区和重点开发区两大类型区域以及农产品主产区、重点生态功能区两大类型区对较强限制性因子的权重进行打分，权重确定结果见表4-9、表4-10。

表4-9　优化开发区、重点开发区较强限制性因子权重

类型	因子	权重
较强限制性因子	一般农用地	0.1
	地壳稳定性	0.1
	地形坡度	0.25
	突发地质灾害	0.25
	生态保护红线（二级管控区）	0.3

表4-10　农产品主产区、重点生态功能区较强限制性因子权重

类型	因子	权重
较强限制性因子	一般农用地	0.2
	地壳稳定性	0.1
	地形坡度	0.35
	突发地质灾害	0.35

　　在评价因子分值及权重确定的基础上，以地块为评价单元，采用限制系数法计算土地建设开发适宜性得分。计算公式如下：

$$E = \prod_{j=1}^{m} F_j \times \sum_{k=1}^{n} w_k f_k \tag{4-1}$$

式中，E 为土地建设开发适宜性得分；j 为强限制性因子的编号；k 为较强限制性因子的编号；F_j 为第 j 个强限制性因子的适宜性赋值；f_k 为第 k 个较强限制性因子的适宜性赋值；w_k 为第 k 个较强限制性因子的权重；m 为强限制性因子的个数；n 为较强限制性因子的个数。

根据土地建设开发适宜性得分，基于土地建设开发适宜性类型划分依据（表4-11），将评价单元的土地建设开发适宜性划分为适宜建设、基本适宜建设、不适宜建设、特别不适宜建设四类，并按县级行政区进行面积统计汇总，绘制土地建设开发适宜性评价图。

表 4-11　土地建设开发适宜性类型划分依据

适宜性类型	适宜建设	基本适宜建设	不适宜建设	特别不适宜建设
适宜性得分区间	≥80	60～80	20～60	<20

2）承载状态评价

依据土地建设开发适宜性评价结果，测算区域现状建设开发程度，并结合各区域主体功能定位，确定各区域的适宜建设开发程度阈值；对比分析区域现状建设开发程度和适宜建设开发程度阈值，计算区域土地建设开发压力指数，对区域土地建设开发承载状态进行评价。

（1）现状建设开发程度测算。

根据区域现状建设用地面积和建设开发适宜性评价结果，测算各区域的现状建设开发程度。计算公式如下：

$$P = S / (S \cup E_m) \tag{4-2}$$

式中，P 为区域现状建设开发程度；S 为区域现状建设用地面积；E_m 为土地建设开发适宜性评价中的适宜建设区域（E_{I}）与基本适宜建设区域（E_{II}）之和，即 $E_m = (E_{\mathrm{I}} + E_{\mathrm{II}})$；$S \cup E_m$ 为二者空间的并集。

（2）适宜建设开发程度阈值确定。

依据土地建设开发适宜性评价结果，结合各区域的主体功能定位，采用专家打分法确定各评价单元的适宜建设开发程度阈值。对划定为优化开发区的中心城市市辖区，将其适宜建设开发程度阈值设定为 0.90。对划定为重点开发区的县（市、区），将其适宜建设开发程度阈值设定为 0.80（表4-12）。

根据福建自然环境特点、土地建设开发适宜性评价结果和现状建设开发程度，结合福建建设生态文明示范区的战略，依据国际通行的土地开发强度达30% 为区域（城市）生态宜居警戒线、达 50% 为区域（城市）生态宜居极限线的预警标准，将全省土地资源适宜建设开发程度的阈值设定为0.655。根据设定的阈值（0.655），推算未来全省规划土地开发强度为25%，低于区域（城市）生态宜居警戒线（30%），因此阈值设定为0.655是合理的，符合福建建设生态文明示范区战略的要求。

表4-12　各类主体功能区的适宜建设开发程度阈值

主体功能区类型	主体功能	阈值
优化开发区	以提高经济增长质量和效益为核心，注重区域经济结构调整优化、资源消耗控制、环境保护等方面	0.90
重点开发区	以提高工业化和城镇化水平、促进经济持续发展为优先，注重区域增长、人口吸纳、产业结构升级等方面	0.80

（3）土地建设开发压力指数计算。

对比分析区域现状建设开发程度与适宜建设开发程度阈值，通过二者的偏离度计算确定土地建设开发压力指数。计算公式如下：

$$D = (P-T)/T \qquad (4-3)$$

式中，D为区域土地建设开发压力指数；P为区域现状建设开发程度；T为区域适宜建设开发程度阈值。

（4）土地建设开发承载状态评价。

依据土地建设开发压力指数计算结果，将土地建设开发压力划分为压力大、压力中等和压力小三种类型。土地建设开发压力指数越小，现状建设开发程度与适宜建设开发程度的偏离度越低，表明目前建设开发格局与土地资源条件趋于协调。土地建设开发压力三种类型相对应的承载状态分别为超载、临界超载和可载，具体的划分标准见表4-13。

表4-13　土地建设开发压力与土地资源承载状态划分标准

土地建设开发压力指数	$D>0$	$-0.3<D\leqslant0$	$D\leqslant-0.3$
土地资源承载状态	超载（建设开发压力大）	临界超载（建设开发压力中等）	可载（建设开发压力小）

2. 水资源评价

一般而言，海岸带地区淡水资源相对较少，与区域人口经济布局明显错位。因此，如采用用水总量作为水资源评价指标，则海岸带地区大部分地区处于水资源超载状态。为此，本研究采用水资源利用强度作为评价指标。

水资源利用强度指流域或区域内已开发利用的水资源量（通常指供水量）与水资源总量的比值，是表征流域或区域水资源开发利用程度的指标。通过文献检索和专家咨询确定区域水资源开发利用程度的合理阈值和极限阈值，对福建县级行政区水资源承载能力进行评价。

其中，水资源利用强度计算公式如下：

$$水资源利用强度 = 用水总量/水资源总量 \qquad (4-4)$$

县级行政区水资源总量的测算，不仅要测算境内水资源量，还应考虑入境可利用水资源量、调入水量和调出水量，其计算公式如下：

$$水资源总量 = 境内水资源量 + 净增水量 \qquad (4-5)$$

$$净增水量 = 入境可利用水资源量 + 调入水量 - 调出水量 \qquad (4-6)$$

$$入境可利用水资源量 = 入境水资源量 \times 入境水资源可利用系数 \qquad (4-7)$$

根据我国学者普遍认可的"水资源利用率30%为合理阈值，40%为极限阈值"的论点（王西琴和张远，2008；雷静等，2010；曾肇京和石海峰，2000；左其亭，2011），确定区域水资源利用强度大于40%时，水资源承载状态为超载；水资源利用强度介于30%~40%时，水资源承载状态为临界超载；水资源利用强度小于或等于30%时，水资源承载状态为可载（表4-14）。

表4-14　水资源承载状态划分

水资源利用强度	>40%	30%~40%	≤30%
水资源承载状态	超载	临界超载	可载

3. 环境评价

以主要大气和水污染物的年均浓度监测值与国家现行的该污染物质量标准的对比为基础，采用县级行政区污染物浓度超标指数，表征海岸带地区环境系统对社会经济活动产生的各类污染物的承受与自净能力。

环境承载力评价一般由大气、水中主要污染物浓度超标指数集成获得。本研究选取能反映环境质量状况的主要监测指标作为单项评价指标。其中，主要大气污染物指标包括二氧化硫（SO_2）、二氧化氮（NO_2）、可吸入颗粒物（PM_{10}）、一氧化碳（CO）、臭氧（O_3）和细颗粒物（$PM_{2.5}$）6项；主要水污染物指标包括溶解氧（DO）、高锰酸盐指数（COD_{Mn}）、五日生化需氧量（BOD_5）、化学需氧量（COD_{Cr}）、氨氮（NH_4^+-N）、总氮（TN）和总磷（TP）7项，考虑河流和湖库在区域地表水环境质量评价中的差异性，进一步选取相应评价指标，如对于评价区域中的河流选择除TN以外的6项指标进行评价，湖库则选择上述7项指标进行评价。然后从大气和水污染物浓度超标指数中分别选取各项污染物指标评价结果的极大值进行集成，最终环境污染物浓度的综合超标指数再由大气和水污染物浓度超标指数的极大值进行集成。

1）大气环境承载力评价

（1）单项大气污染物浓度超标指数。

以各项污染物的标准限值表征环境系统所能承受人类各种社会经济活动的阈值（限值采用《环境空气质量标准》（GB 3095—2012）中规定的各类大气污染物浓度限值二级标准），不同区域各项污染指标的超标指数计算公式如下：

$$R_{\text{气}ij} = C_{ij}/S_i - 1 \tag{4-8}$$

式中，$R_{\text{气}ij}$ 为区域 j 内第 i 项大气污染物浓度超标指数；C_{ij} 为区域 j 内第 i 项污染物的年均浓度监测值（其中 CO 为 24 小时平均浓度第 95 百分位，O_3 为日最大 8 小时平均浓度第 90 百分位）；S_i 为第 i 项污染物浓度的二级标准限值。$i = 1$，$2，\cdots，6$，分别对应 SO_2、NO_2、PM_{10}、CO、O_3、$PM_{2.5}$。

（2）区域大气污染物浓度超标指数。

计算公式如下：

$$R_{\text{气}j} = \max R_{\text{气}ij} \tag{4-9}$$

式中，$R_{\text{气}j}$ 为区域 j 的大气污染物浓度超标指数，其值为各类大气污染物浓度超标指数的最大值。

2）水环境承载力评价

（1）单项水污染物浓度超标指数。

以各控制断面 DO、COD_{Mn}、BOD_5、COD_{Cr}、NH_4^+-N、TN、TP 等主要污染物年均浓度与该项污染物一定水质目标下水质标准限值的差值作为水污染物超标量。标准限值采用国家 2020 年各控制单元水环境功能分区目标中确定的各类水污染物浓度的水质标准限值，具体限值采用《地表水环境质量标准》（GB 3838—2002）中规定的各类水污染物浓度不同水质类别下的限值，水质目标采用《福建省"十三五"环境保护规划》中的各流域水质目标。计算公式如下：

当 $i = 1$ 时：

$$R_{\text{水}ijk} = 1/(C_{ijk}/S_{ik}) - 1 \tag{4-10}$$

当 $i = 2，\cdots，7$ 时：

$$R_{\text{水}ijk} = C_{ijk}/S_{ik} - 1 \tag{4-11}$$

$$R_{\text{水}ij} = \sum_{k=1}^{N_j} \frac{R_{\text{水}ijk}}{N_j} \tag{4-12}$$

式中，$R_{\text{水}ijk}$ 为区域 j 第 k 个断面第 i 项水污染物浓度超标指数；$R_{\text{水}ij}$ 为区域 j 第 i 项水污染物浓度超标指数；C_{ijk} 为区域 j 第 k 个断面第 i 项水污染物的年均浓度监测值；S_{ik} 为第 k 个断面第 i 项水污染物的水质标准限值；$i = 1$，$2，\cdots，7$，分别对应 DO、COD_{Mn}、BOD_5、COD_{Cr}、NH_4^+-N、TN、TP；k 为某一控制断面，$k = 1$，$2，\cdots，N_j$；N_j 为区域 j 内控制断面个数。这里，当 k 为河流控制断面时，计算

$R_{水ijk}$，$k=2$，4，5，7；当 k 为湖库控制断面时，计算 $R_{水ijk}$，$k=1$，2，…，7。

（2）区域水污染物浓度超标指数。

计算公式如下：

$$R_{水j} = \max R_{水ij} \qquad (4-13)$$

式中，$R_{水ij}$ 为区域 j 第 i 项水污染物浓度超标指数；$R_{水j}$ 为区域 j 的水污染物浓度超标指数。

3）环境承载力综合评价

大气、水是不同的环境要素，不宜采用加权平均等综合方法进行综合评价，因此本研究污染物浓度的综合超标指数可采用极大值模型进行集成。计算公式如下：

$$R_j = \max(R_{气j}, R_{水j}) \qquad (4-14)$$

式中，R_j 为区域 j 的污染物浓度综合超标指数；$R_{气j}$ 为区域 j 的大气污染物浓度超标指数；$R_{水j}$ 为区域 j 的水污染物浓度超标指数。

4）阈值与重要参数

阈值及重要参数由上述各项污染物浓度超标指数值特点及其模型的计算方法可知，最终计算获得的污染物浓度超标指数是无量纲值。根据污染物浓度超标指数，将环境承载力评价结果划分为超载、临界超载、可载 3 种类型。"0"为污染物浓度超标指数临界值，污染物浓度超标指数越小，表明区域环境系统对社会经济系统的支撑能力越强。通常，当超标指数 $R_j>0$ 时，污染物浓度处于超载状态；当 $-0.2<R_j\leqslant0$ 时，污染物浓度处于临界超载状态；当 $R_j\leqslant-0.2$ 时，污染物浓度处于可载状态。

4. 生态评价

以地区水土流失、土地沙化、盐渍化和石漠化等生态退化面积比例为参数，以生态系统健康度为评价指标，科学评估社会经济活动压力下生态系统的健康状况。

通过区域内已经发生生态退化的土地面积比例及程度反映生态系统健康，计算公式如下：

$$H = A_d/A_t \qquad (4-15)$$

式中，H 为生态系统健康度；A_d 为中度及以上退化土地面积，包括中度以上的水土流失、土地沙化、盐渍化和土地石漠化面积；A_t 为评价区的土地面积。

根据生态系统健康度，将评价结果划分为生态系统健康度低、健康度中等和健康度高三种类型。生态系统健康度越低，表明区域生态系统退化状况越严重，产生的生态问题越大。本研究中，当 $H>6\%$ 时，生态系统健康度低；当 $3\%<H\leqslant6\%$ 时，生态系统健康度中等；当 $H\leqslant3\%$ 时，生态系统健康度高。

（二）海域空间评价

本研究以岸线开发强度、海域开发强度、渔业资源综合承载指数、海洋环境承载指数、海洋生态承载指数、无居民海岛开发强度指数、无居民海岛植被覆盖率变化指数为特征指标，对所有沿海县级行政单元海域开展评价，确定开发阈值，划分承载类型。

1. 海洋空间资源评价

以海岸线和近岸海域空间资源承载状况为评价内容，采用岸线开发强度、海域开发强度，综合评估各县级行政区海岸线和近岸海域空间资源承载能力。

1）岸线开发强度

根据《技术方法》，利用式（4-16）计算岸线开发强度（S_1）：

$$S_1 = P_A/P_{co} \tag{4-16}$$

式中，P_A 为岸线人工化指数；P_{co} 为海岸线开发利用标准。其中，P_A 计算公式如下：

$$P_A = \frac{l_B \times q_B + l_T \times q_T + l_G \times q_G + l_H \times q_H}{l_总} \tag{4-17}$$

式中，$l_总$ 为岸线总长度；l_B、l_T、l_G、l_H 分别为围塘堤坝岸线长度、防护堤坝岸线长度、工业与城镇岸线长度、港口码头岸线长度；q_B、q_T、q_G、q_H 分别为四种人工岸线对海洋资源环境的影响权重赋值，见表4-15。

表4-15 岸线类型影响权重赋值

岸线类型		影响权重
自然岸线		0
人工岸线	围塘堤坝岸线	0.40
	防护堤坝岸线	0.60
	工业与城镇岸线	0.80
	港口码头岸线	1.00

为客观反映岸线开发利用现状，本研究在原有大陆与海岛岸线利用调查成果的基础上，结合谷歌卫星航拍图进行人机交互解译，对岸线类型进行现状更新，并将人工岸线进一步细分为围塘堤坝岸线、防护堤坝岸线、工业与城镇岸线、港口码头岸线。具体识别依据见表4-16。

表 4-16 岸线类型及识别图示

类型（影响权重）	含义与分类说明	识别图示
自然岸线（0）	海岸自然结构和生态功能未受到人工构筑物明显影响，原始岸滩基本得到保留的海岸线	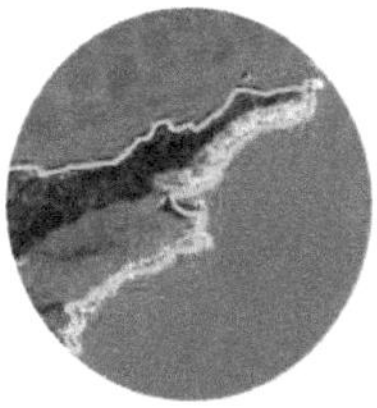
人工岸线　围塘堤坝岸线（0.40）	受以养殖、盐业和农业围垦为目的的大范围围海活动影响的岸线	
防护堤坝岸线（0.60）	用于抵挡风暴潮侵袭的人工防护岸线	
工业与城镇岸线（0.80）	为改善城镇工业园区景观、保障生活生产空间安全，在海岸区域建设景观护坡、景观步道、观光平台等人工景观设施形成的岸线	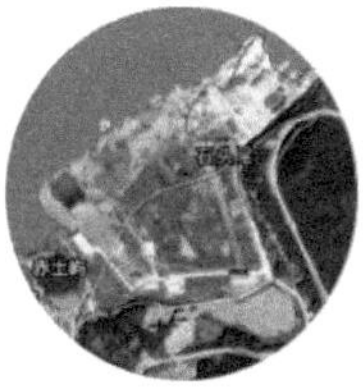
港口码头岸线（1.00）	专供轮船或渡船停泊、乘客上下、货物装卸的建筑物所占用的岸线	

以海洋功能区划为基础，计算各县级行政区海岸线开发利用标准（P_{co}），其

测算方法如下：

$$P_{co} = \frac{\sum_{i=1}^{8} w_i l_i}{l_{总}} \tag{4-18}$$

式中，l_i 为第 i 类海洋功能区毗邻海岸线长度；w_i 为第 i 类海洋功能区允许的海岸线开发程度，其权重赋值方法详见表 4-17。

表 4-17　主要海洋功能区海洋开发程度影响权重赋值

海洋功能区类型	影响权重（w_i）
港口航运区	0.80
工业与城镇区	0.60
矿产与能源区	0.40
农渔业区	0.40
旅游休闲娱乐区	0.30
特殊利用区	0.20
海洋保护区	0
保留区	0

2）海域开发强度

根据《技术方法》，计算各县级行政区海域开发强度（S_2），其计算公式如下：

$$S_2 = P_E / P_{Mo} \tag{4-19}$$

式中，P_E 为海域开发资源效应指数；P_{Mo} 为海域空间开发利用标准。其中，P_E 计算公式如下：

$$P_E = \frac{\sum_{i=1}^{n} (S_i \times l_i)}{S} \tag{4-20}$$

式中，n 为海域使用类型数；S_i 为第 i 种海域使用类型的面积；S 为省级海洋功能区划的海域总面积；l_i 为第 i 种海域使用类型的资源耗用指数，如表 4-18 所示。

表 4-18　海域使用类型资源耗用指数

海域使用一级类	海域使用二级类	资源耗用指数（l_i）
渔业用海	渔业基础设施用海	1.0
	围海养殖用海	0.6
	开放式养殖用海和人工鱼礁	0.2

海域使用一级类	海域使用二级类	资源耗用指数（l_i）
交通运输用海	港口码头用海	1.0
	航道	0.4
	锚地	0.3
	路桥用海	0.4
工业用海	盐业用海	0.6
	围海工业用海	1.0
	固体矿产开采用海	0.2
	油气开采用海	0.3
旅游娱乐用海	旅游基础设施用海	1.0
	海水浴场	0.2
	海上娱乐用海	0.2
海底工程用海	电缆管道用海	0.2
	海底隧道用海	0.2
	海底场馆用海	0.2
排污倾倒用海	倾倒区用海	1.0
	污水达标排放用海	0.6
造地工程用海	城镇建设填海造地用海	1.0
	农业填海造地用海	0.8
	废弃物处置填海造地用海	1.0
特殊用海	科研教学用海与军事用海	0.2
	海洋保护区用海	0
	海岸防护工程用海	0.1

P_{Mo}计算公式如下：

$$P_{Mo} = \frac{\sum_{i=1}^{8} h_i a_i}{S} \tag{4-21}$$

式中，a_i为第 i 类海洋功能区面积；h_i为第 i 类海洋功能区允许的海洋开发程度，并遵循海洋主体功能区规划的管控要求，赋值方法如表4-19所示。

3）阈值与重要参数

考虑到岸线与海域资源对地区经济发展的贡献存在明显的差异性，在确定相关阈值时，应根据海陆主体功能区规划对沿海各县级行政区的主体功能定位的要求，对不同海洋主体功能区岸线、海域开发强度阈值进行调整（表4-20和表4-21）。

表4-19 主要海洋功能区允许的海洋开发程度

海洋功能区类型	允许海洋开发程度（h_i）
工业与城镇区	0.60
港口航运区	0.70
矿产与能源区	0.60
农渔业区	0.60
旅游休闲娱乐区	0.60
特殊利用区	0.40
海洋保护区	0.20
保留区	0.10

表4-20 不同海洋主体功能区调整前后的岸线开发强度阈值

主体功能区类型	岸线开发强度阈值（调整后）			岸线开发强度阈值（调整前）		
	适宜	临界	较高	适宜	临界	较高
城市化地区	$S_1 \leqslant 1.1$	$1.1 < S_1 < 1.3$	$S_1 \geqslant 1.3$			
农产品主产区	$S_1 \leqslant 0.9$	$0.9 < S_1 < 1.1$	$S_1 \geqslant 1.1$	$S_1 \leqslant 0.9$	$0.9 < S_1 < 1.1$	$S_1 \geqslant 1.1$
重点生态功能区						

表4-21 不同海洋主体功能区调整前后的海域开发强度阈值

主体功能区类型	海域开发强度阈值（调整后）			海域开发强度阈值（调整前）		
	适宜	临界	较高	适宜	临界	较高
重点开发用海区	$S_2 \leqslant 0.30$	$0.30 < S_2 < 0.6$	$S_2 \geqslant 0.6$			
海洋渔业保障区	$S_2 \leqslant 0.15$	$0.15 < S_2 < 0.3$	$S_2 \geqslant 0.3$	$S_2 \leqslant 0.15$	$0.15 < S_2 < 0.3$	$S_2 \geqslant 0.3$
重要海洋生态功能区						

2. 海洋渔业资源评价

当前，海洋经济成为世界经济发展的新增长点，海洋渔业经济已成为国民经济发展的重要增长部分。海岸带渔业资源的评价监测与可持续利用是海洋经济发展的重要保障。然而，近年来，渔业资源过度开发利用造成了生物资源补充量大量减少，气候变化造成渔业资源多样性改变。基于基础资料的可获得性，可采用渔业资源综合承载指数对各沿海县（市、区）海洋渔业资源进行评价。其中，渔业资源综合承载指数（F）可通过游泳动物指数（F_1）和鱼卵仔稚鱼指数（F_2）加权平均得到。

1）游泳动物指数（F_1）

游泳动物指数（F_1）由渔获物经济种类比例指数（ES）和近海平均营养级指数（TL）集成所得，其计算公式如下：

$$F_1 = \frac{ES+TL}{2} \tag{4-22}$$

通常，当 $F_1 \geqslant 2.5$ 时，游泳动物指数基本稳定；当 $1.5 \leqslant F_1 < 2.5$ 时，游泳动物指数呈下降趋势；当 $F_1 < 1.5$ 时，游泳动物指数显著下降。

（1）渔获物经济种类比例指数（ES）。

根据近三年近海渔业资源监测调查成果数据，获取渔获物中经济渔业种类所占比例的变化幅度（ΔES），具体计算公式如下：

$$r = \frac{\Delta ES}{\overline{ES}} \times 100\% \tag{4-23}$$

$$\Delta ES = \overline{ES} - ES_i \tag{4-24}$$

式中，i 为现状年；$\overline{ES}$ 为近三年渔获量的平均值。通常，当 $r>10\%$ 时，地区渔获物经济种类所占比例显著下降，ES 赋值为 1；当 $50\% < r \leqslant 10\%$ 时，地区渔获物经济种类所占比例下降，ES 赋值为 2；当 $r \leqslant 5\%$ 时，地区渔获物经济种类所占比例基本稳定，ES 赋值为 3。

（2）渔获物营养级指数（TL）。

通过测算评价近海渔获物平均营养级指数的变化情况，来定量表征区域海洋生态系统结构和功能的稳定性，以及海洋生物资源开发利用的承载能力。其计算方法如下：

$$TL = \frac{\sum_{i=1}^{n} (TL_i)(Y_i)}{\sum_{i=1}^{n} Y_i} \tag{4-25}$$

式中，TL 为近海海获物平均营养级指数；Y_i 为海域捕捞的第 i 种鱼类渔获量；TL_i 为第 i 种鱼类的营养级指数。根据评价单元内近海渔获物平均营养级指数与区域标准值的差值，得到变化幅度（ΔTL）。通常，当 ΔTL 与标准值之比 $>5\%$ 时，近海渔获物营养级显著下降，TL 赋值为 1；当 ΔTL 与标准值之比为 $3\% \sim 5\%$ 时，近海渔获物营养级下降，TL 赋值为 2；当 ΔTL 与标准值之比 $\leqslant 3\%$ 时，近海渔获物营养级基本稳定，TL 赋值为 3。

2)鱼卵仔稚鱼指数（F_2）

根据已有评价材料与基础数据，本研究基于福建 2014 年、2015 年和 2016 年近海渔业资源监测样点数据，计算得出各县级行政区鱼卵密度指数（F_E）、仔稚鱼密度指数（F_L）及鱼卵仔稚鱼指数（F_2），具体计算公式如下：

$$F_2 = F_E \times 0.2 + F_L \times 0.8 \tag{4-26}$$

（1）鱼卵密度指数（F_E）。

根据现状监测值与近三年平均值的差值，得到鱼卵密度指数变化幅度（ΔF_E）。通常，当 ΔF_E 与近三年平均值之比>30%时，鱼卵密度显著下降，F_E 赋值为 1；当 ΔF_E 与近三年平均值之比为 10%～30%时，鱼卵密度下降，F_E 赋值为 2；当 ΔF_E 与近三年平均值之比≤10%时，鱼卵密度基本稳定，F_E 赋值为 3。

（2）仔稚鱼密度指数（F_L）。

根据现状监测值与近三年的平均值的差值，得到仔稚鱼密度指数变化幅度（ΔF_L）。通常，当 ΔF_L 与近三年平均值之比>30%时，仔稚鱼密度显著下降，F_L 赋值为 1；当 ΔF_L 与近三年平均值之比为 10%～30%时，仔稚鱼密度下降，F_L 赋值为 2；当 ΔF_L 与近三年平均值之比≤10%时，仔稚鱼密度基本稳定，F_L 赋值为 3。

3）阈值与重要参数

根据各县级行政区内游泳动物指数（F_1）、鱼卵仔稚鱼指数（F_2），加权集成渔业资源综合承载指数（F）。

$$F = F_1 \times 0.6 + F_1 \times 0.4 \tag{4-27}$$

最后，根据渔业资源综合承载指数，将评价结果划分为超载、临界超载和可载三种类型。通常，当 $F<1.5$ 时，海洋渔业资源超载；当 $1.5 \leqslant F < 2.5$ 时，海洋渔业资源临界超载；当 $F \geqslant 2.5$ 时，海洋渔业资源可载。

3. 海洋生态环境评价

海洋生态环境评价主要表征海洋生态环境承载状况，包括海洋环境承载状况和海洋生态承载状况两个方面。其中，海洋环境承载状况通过海洋功能区水质达标率反映，海洋生态承载状况通过浮游动物和大型底栖动物的生物量、生物密度的变化反映。

1）海洋环境承载状况

海洋环境承载指数（E_1）通过统计评估符合海洋功能区水质要求的面积占海域总面积的比例来反映，如式（4-28）。

$$E_1 = \frac{S_1}{S_2} \times 100\% \tag{4-28}$$

式中，S_1 为符合海洋功能区水质要求的面积；S_2 为海域总面积。

可根据各地区近岸海域水质监测与调查样点数据通过空间插值技术得到沿海

各县级行政区内各类污染物空间分布特征；再依据《海水水质标准》（GB 3097—1997），采用pH、悬浮物质、溶解氧、化学需氧量、活性磷酸盐、石油类、铜、铅、镉、铬、砷、粪大肠菌群12个指标，计算各类海水水质等级的海域面积。其中，海水水质要求按照《海水水质标准》（GB 3097—1997）（表4-22）确定。

表4-22　主要海洋功能区的海水水质要求

功能区类型	农渔业区	港口航运区	工业与城镇区	矿产与能源区
水质要求	不劣于Ⅱ类	不劣于Ⅳ类	不劣于Ⅲ类	不劣于Ⅳ类
功能区类型	旅游休闲娱乐区	海洋保护区	特殊利用区	保留区
水质要求	不劣于Ⅱ类	不劣于Ⅰ类	不劣于Ⅳ类	不劣于Ⅳ类

注：由于特殊利用区和保留区的功能特性，《全国海洋功能区划》对其水质要求为"不劣于现状"。但考虑两类功能区的需求，目前，在实际评价中这两项是按照不劣于Ⅳ类的标准进行评价的，未来可根据主体功能区划的具体类型确定更为细化的要求

2）海洋生态承载状况

海洋生态承载状况评价主要包括海洋生态承载指数（E_2），计算公式如下：

$$E_2 = \frac{E_F + E_B}{2} \tag{4-29}$$

式中，E_F为浮游动物指数；E_B为大型底栖动物指数。

借鉴《近岸海洋生态健康评价指南》（HY/T 087—2005）相关评价方法，E_F的计算公式如下：

$$E_F = \frac{|\Delta D_F| + |\Delta N_F|}{2} \tag{4-30}$$

式中，D_F、N_F分别为近三年浮游动物密度、生物量的平均值；ΔD_F、ΔN_F分别为浮游动物密度、生物量现状值与平均值的变化情况。当$E_F \geq 0.50$时，浮游动物呈现明显变化的态势，赋值为1；当$0.25 \leq E_F < 0.50$时，浮游动物出现波动，赋值为2；当$E_F < 0.25$时，浮游动物基本稳定，赋值为3。

借鉴《近岸海洋生态健康评价指南》（HY/T 087—2005）相关评价方法，E_B的计算公式如下：

$$E_B = \frac{|\Delta D_B| + |\Delta N_B|}{2} \tag{4-31}$$

式中，D_B、N_B分别为近三年大型底栖动物密度、生物量的平均值；ΔD_B、ΔN_B分别为浮游动物密度、生物量现状值与平均值的差值。当$E_B \geq 0.50$时，大型底栖动物呈现明显变化的态势，赋值为1；当$0.25 \leq E_B < 0.50$时，大型底栖动物出现波动，赋值为2；当$E_B < 0.25$时，大型底栖动物基本稳定，赋值为3。

3）阈值与重要参数

通常，当 $E_1 \leqslant 80\%$ 时，海洋环境超载；当 $E_1 \leqslant 90\%$ 时，海洋环境临界超载；当 $E_1 > 90\%$ 时，海洋环境可载。当 $E_2 < 1.5$ 时，海洋生态超载；$1.5 \leqslant E_2 < 2.5$ 时，海洋生态临界超载；$E_2 \geqslant 2.5$ 时，海洋生态可载。

四、集成方法

（一）集成指标体系

集成指标包括 4 个陆域评价指标和 5 个海域评价指标。指标项具体见表 4-23。

表 4-23　超载类型划分中的集成指标及分级——陆域、海域评价指标

评价指标		指标名称	指标分级		
陆域评价	土地资源	土地建设开发压力指数	超载	临界超载	可载
	水资源	水资源利用强度	超载	临界超载	可载
	环境	污染物浓度超标指数	超标	接近超标	未超标
	生态	生态系统健康度	健康度低	健康度中等	健康度高
海域评价	海洋空间资源	岸线开发强度	较高	临界	适宜
		海域开发强度	较高	临界	适宜
	海洋渔业资源	渔业资源综合承载指数	超载	临界超载	可载
	海洋生态环境	海洋环境承载指数	超载	临界超载	可载
		海洋生态承载指数	超载	临界超载	可载

（二）集成思路

考虑到不同类型主体功能区的主导资源环境因素不同，各评价指标的权重应有所区别。"木桶原理"在对各指标进行集成时，将各因素对地区资源环境承载力的作用权重进行了平均化处理，从而放大了非主导因素、降低了主导因素对具体某一类主体功能区资源环境能力的决定性作用。为此，本研究建议针对陆域重点生态功能区和农产品主产区，以及重要海洋生态功能区和海洋渔业保障区等"以保护为主"的县（市、区），采取"短板效应"原理，评价并厘清各类开发建设活动对资源环境的影响，突出这类主体功能区的"以保护为主"的发展方向。针对陆域和海域的优化开发区、重点开发区等"以开发为主"的县（市、区），遵循"多要素统筹"的原则，采用专家评分法对多指标进行加权综合评价，突出这类主体功能区的"以开发为主"的发展方向，并按照阈值区间进行超载类型划分。

1. 陆海开发类功能区资源环境超载类型划分方法

采用专家评分法，确定陆域土地建设开发压力指数、水资源利用强度、污染物浓度超标指数、生态系统健康度 4 项指标权重；确定岸线开发强度、海域开发强度、渔业资源综合承载指数、海洋环境承载指数、海洋生态承载指数 5 项指标权重。

为确保本次评价的权重更具有科学性，本次评价选取了熟悉土地利用和生态环境方向的国土、水利、环保、海洋等部门的专家共 25 人。打分是专家在不相互协商的情况下，根据评价材料和有关说明独立进行的。发放问卷 25 份，回收问卷 23 份，问卷回收率为 92%；回收的有效问卷 20 份，问卷有效率为 86.96%。各专家对指标权重打分后，按以下公式计算权重值：

$$W_i = \frac{\sum_{j=1}^{n} E_{ij}}{n} \tag{4-32}$$

式中，W_i 为指标 i 的权重；E_{ij} 为专家 j 对指标 i 权重的打分；n 为专家总数。通过专家评分法，得到权重如表 4-24 和表 4-25 所示。

表 4-24　陆域资源环境各集成指标权重

指标	土地建设开发压力指数	水资源利用强度	污染物浓度超标指数	生态系统健康度
权重	0.350	0.201	0.234	0.215

表 4-25　海域资源环境各集成指标权重

指标	岸线开发强度	海域开发强度	渔业资源综合承载指数	海洋环境承载指数	海洋生态承载指数
权重	0.247	0.198	0.172	0.193	0.190

各地区陆（海）域资源环境承载力指数计算公式如下：

$$S_c = \sum_{i=1}^{n} w_i R_i \tag{4-33}$$

式中，S_c 为地区 c 的资源环境承载力指数；R_i 为各资源环境要素承载力得分（表 4-26）；i 为各资源环境要素；w_i 为各类集成指标的权重；n 为陆（海）域资源环境承载力集成指标的数目。

表 4-26　各资源环境要素承载能力赋值

资源环境要素承载状态				赋值
陆域评价	基础评价	土地建设开发压力指数	压力大	1
			压力中等	2
			压力小	3
		水资源利用强度	超载	1
			临界超载	2
			可载	3
		污染物浓度超标指数	超标	1
			接近超标	2
			未超标	3
		生态系统健康度	健康度低	1
			健康度中等	2
			健康度高	3
海域评价	基础评价	岸线开发强度	较高	1
			临界	2
			适宜	3
		海域开发强度	较高	1
			临界	2
			适宜	3
		渔业资源综合承载指数	超载	1
			临界超载	2
			可载	3
		海洋环境承载指数	超载	1
			临界超载	2
			可载	3
		海洋生态承载指数	超载	1
			临界超载	2
			可载	3

当 $S_c \leq 2.0$ 时，地区资源环境承载力超载；当 $2.0 < S_c \leq 2.5$ 时，地区生态质量状况退化；当 $2.0 < S_c < 2.75$ 时，地区资源环境承载力临界超载；当 $S_c \geq 2.75$ 时，地区资源环境承载力可载。

2. 陆海保护类功能区资源环境超载类型划分方法

考虑到"临界超载"与"超载"在资源环境性质上表现出显著不同，不能简单地用两个以上"临界超载"在"量上"等同于"超载"。因此，本研究在对陆域农产品主产区、重点生态功能区及海域海洋渔业保障区、重点海洋生态功能区进行评估时，将任意一个指标超载的县级行政区确定为超载类型，任意一个指标临界超载的县级行政区确定为临界超载类型。

第三节　海岸线识别研究与实践进展

国内外已有成果较多地关注海岸线变化及生态环境恶化，同时海岸带土地利用与土地利用格局变化对海岸带生态环境恶化的影响机制也是人们普遍关注的命题（Martínez et al.，2013；Qiang and Lam，2015；Islam et al.，2015；Gitau and Bailey，2012）。

一、海岸线提取方法研究

受技术水平的限制，传统海岸线的提取采用实地测量法——采集海岸线特征点并在地图上标绘成线得到海岸线，在分析历史岸线的变动规律时，海岸线信息往往来源于历史文献、历史地形图、历史海图等，但此类数据覆盖范围较小，缺乏连续性，不利于大尺度、长时期的海岸线变迁研究。

20 世纪以来，摄影测量及遥感卫星技术不断发展与成熟，遥感影像数据具备覆盖范围广、全天候、重复周期短、空间分辨率高、受地理环境限制小、宏观快速等诸多优点（于彩霞等，2014），因此遥感影像、航空卫片等成为海岸线研究的首选数据源。不同类型海岸线的形成机理不同，它们在遥感影像上的形态及波谱特征也各不相同，海岸线的提取技术手段随着遥感影像的丰富和遥感技术的提升得到进一步的发展。

从遥感数据源的选择来看，Landsat、QuickBird、WorldView、IKONOS、SPOT 等中高分辨率影像应用广泛，如 White 和 Asmar（1999）利用 1984～1991 年 Landsat 影像对尼罗河三角洲地区海岸线实现动态监测；Maglione 等（2015）比较了 IKONOS-2（2005 年）、GeoEye-1（2011 年）和 WorldView-2（2012 年）影像，重建了多米特海岸线的近期演变；王力彦等（2016）基于 WorldView 高分辨率影像对日本冲绳岛的海岸线自动提取技术进行了探究；刘勇等（2013）基于 QuickBird、SPOT 5 和 Landsat 5 等多源遥感影像提取石臼坨岛海岸线，并构建了基于像元数的精度评价模型。其中，Landsat 系列数据由于获取成本低、时间序列长，成为应用最普遍的数据源。随着国产卫星的发展，高分系列、资源系列卫星影像在海岸线提取方面取得了一定的成果：吴小娟等（2015）以深圳大鹏半岛高分二号数据为例，进行海岸线提取和河口地区海陆划分的研究；赵芝玲等（2017）、鞠超（2017）都利用高分一号卫星数据和面向对象法，实现了大范围海岸线的自动提取；董昭顷等（2019）则利用2017年资源三号卫星数据对雷州半岛不同类型海岸线进行提取研究。此外以 Sentinel、SAR、LiDAR 等为数据源的研究和应用成果也在不断丰富。

从提取技术手段来看，基于遥感影像的提取方法主要分为目视解译和自动化提取两大类。目视解译是最直接的提取海岸线的方法，这种方式对影像精度有较高要求，人工视觉判辨的差异和先验知识的不同会造成提取精度的差异，同时对人力、物力和财力的消耗较大。自动化提取是基于计算机算法的提取方法，各个方法之间的提取精度存在较大差异，主要包括阈值分割法、边缘检测法、面向对象法、活动轮廓法等。其中，阈值分割法简单快速，适用于大范围提取，但阈值的选取具有一定的难度，提取精度有待提高；边缘检测法对边缘的提取效果较好，但易受噪声影响，提取的海岸线连续性欠佳，且易出现伪边缘，需要后续处理，因此不适于情况复杂的海岸线；面向对象法能够实现更高层次的图像分割且能够减少纹理特性的影响，但数据量较大时，该方法无法充分利用影像中隐含的信息；活动轮廓法提取结果精确，但模型复杂，计算量大、耗时长。

在实际应用时，应该综合考虑提取精度和研究需求等因素，结合多源数据匹配组合的特征，选择合适的方法，高效、准确地提取海岸线。

二、海岸线变化过程动态监测

海岸线的剧烈变化，给世界各国沿海地区带来经济、社会、生态、环境等方面的矛盾与难题。国内外学者已经认识到海岸线的位置、走向和形态变化是全球及海岸带环境过程、人类活动综合作用的结果与反映，不仅体现海岸带环境特征及演变态势，也反映海岸带经济社会发展、生态环境变化与政策导向之间的博弈关系，因此，对海岸线变化过程进行动态监测仍将是受普遍关注的研究重点之一（毋亭和侯西勇，2016）。

（一）国际变化过程动态监测

在全球层面上，Nyberg 和 Howell（2016）应用半自动分类方法，将全球247万km岸线分为沉积型和侵蚀型，其中，72%的岸线属于侵蚀型，全球海岸线整体上呈现出陆向迁移的态势；Rao 等（2015）则用多元回归的方法对全球海岸线保护带来的生态服务经济价值进行了评估，并揭示了这一价值的空间分布格局。结果显示，非洲和亚洲地区海岸线生态系统服务价值较低，这主要是因为海岸带地区开发相对滞后，高值区主要分布在北美洲、欧洲、中东地区，以及澳大利亚。

在区域层面上，Shetty 等（2015）应用遥感和 GIS 技术对印度门格洛尔海岸线 1967~2013 年的变化进行了监测，并指出防洪堤的大规模修建对海岸线持续变迁产生了重大影响；Hegde 和 Akshaya（2015）也通过对印度卡纳塔克邦海岸线 1991~2014 年的对比分析，定量测算了海岸沉积物以年均 1.1m 的速度增长，这一地区海岸线也因此以年均 1.0m 的速度向陆地方向侵入；Salghuna 和 Bharathvaj（2015）、Natesan 等（2015）也对印度海岸线变化开展了类似的研究。Moussaid 等（2015）研究表明，1969~2009 年，摩洛哥盖尼特拉地区海岸线发生较大变化，海岸侵蚀占全岸线的 33%，海岸线整体上呈现出陆向迁移的态势。Farhan 和 Lim（2011）则主要侧重于海岸线变化的人文因素研究，通过对印度尼西亚的塞里布群岛岸线变化的观察，发现除地形地貌等基础因素影响之外，城镇建设面积、人口密度、硬化基础设施（如机场、港口和道路等），以及海水侵蚀等地质过程等均影响着海岸线位置与长度变化。Ozturk 和 Sesli（2015）也对土耳其克孜勒河（Kizil Irmak）潟湖群岛海岸线进行了动态变化分析，发现海岸侵蚀导致堰洲嘴变窄，从而导致潟湖面积在 1962~2013 年减少了 964hm^2。Misra 和 Balaji（2015）利用遥感和 GIS 技术对印度西部古吉拉特邦海岸线及海岸带地区近 10 年的变化进行了定量测度，用以识别海洋生态环境恶化的类型区和空间位置。Mohanty 等（2015）具体分析了印度奥里萨邦沿海港口建设对海岸线变化的影响，结果显示海岸线的变化速度在港口建设施工前后表现出显著差别，港口的建设加速了海岸线的变化，改变了迁移方向，在港口建设之前，海岸线呈海向迁移，变化速度为 1.7m/a，港口建设之后，海岸线变化方向转变为陆向迁移，且变化速度大大增加，变化速度为 20.2m/a。Ford 和 Kench（2015）则对海平面上涨背景下，新西兰海岸线变化情况进行了定量测度，整体来看，新西兰 17.23% 的岸线在海水侵蚀驱动下呈现陆向迁移，是全球为数不多的岸线变化较小的国家。

（二）国内海岸线变化过程动态监测

我国学者也对全国或区域海岸线变化进行了多元而深入的研究。

在全国层面上，Wu 等（2014）利用地形图和遥感影像对 1940~2012 年中国海岸线变化进行了测度和类型划分，结果显示，1940~2012 年，尤其是 1990~2012 年，岸线利用程度综合指数（Index of Coastline Utilization Degree，ICUD）呈现出持续上升的态势，人类活动的影响持续加大，全国自然岸线占比持续下降，由 20 世纪 40 年代的 82% 下降至 2012 年的 38%。他们还发现，长江三角洲地区是 ICUD 最高的地区，但珠江三角洲地区和环渤海地区是 ICUD 增长幅度最大的两个地区，这与高义等（2013）的研究成果相似。与前者不同的是，后者还指出海岸开发方式由早期的围垦养殖向后期的城镇建设和海洋运输转变，并且这种方式转换在南方更早出现。

在区域层面上，徐进勇等（2013）利用遥感和 GIS 技术获取了中国北方"三省一市" 6 期大陆海岸线的时空分布情况，结果显示，2000 ~ 2012 年，研究区海岸线长度持续增加，年均增加 53.16km，其中以天津与河北所在的渤海湾区域海岸线变化最强烈；从时间过程上看，2008 年后海岸线长度进入快速增长时期，其中 2010 ~ 2011 年是海岸线长度变化最剧烈的时期，变化强度为 2.49%；人类工程建设是中国北方海岸线变化最主要原因，港口建设、渔业设施建设及盐场建设分别占前三位，与人类活动影响相比，自然变化如河口淤积与侵蚀对海岸线的影响比较小。刘永超等（2016）通过提取 1985 ~ 2015 年 4 个时期中国象山港和美国坦帕湾的岸线空间位置、长度和曲折度，以及港湾地区景观构型、多样性和破碎度等信息，构建海岸人工化和港湾景观人工干扰指标，探讨人类活动对港湾岸线、景观演变的影响。梁超等（2015）采用 1990 ~ 2013 年的遥感卫星数据，基于遥感与 GIS 技术，开展了北戴河海域的海岸线遥感监测。陈诚和甄云鹏（2014）和陈诚（2015）以长江岸线利用时空变化数据库为基础，构建岸线利用类型转移矩阵，关联岸线类型与岸线条件，从规模扩张、结构变化和类型转移三方面分析岸线利用时空变化特征，结合政府部门和企业访谈及相关研究，剖析岸线利用变化的影响因素与作用特点，为岸线利用政策调整提供依据。孙晓宇等（2014）用多期遥感数据，提取了 2000 ~ 2010 年各时期渤海湾海岸线空间位置、长度及结构信息，发现在围海养殖和港口、工业园区建设的驱动下，渤海湾海岸线变化显著。

三、海岸线变化的影响因素研究

海岸线变化的影响因素可归为三类：全球环境过程、海岸带环境过程和人类活动。

（1）全球环境过程。新构造运动、全球气候变化、海平面大尺度起伏等环境过程是构筑海岸轮廓和骨架、决定海岸沉积/侵蚀方向和速率的作用力，是较长时间尺度海岸发育和变化的背景要素（庄振业等，2008）。其中，全球气候变化则是造成 20 世纪以来全球及区域岸线变化的重要影响因素（Cooper et al.,

2008；Peduzzi et al.，2012）。

（2）海岸带环境过程。海洋动力（如波、浪、潮等）及沉积物运移是影响岸线变化的最基本的海岸带环境过程（Kish and Donoghue，2013；Dominique et al.，2012；Ranasinghe et al.，2013；Aiello et al.，2013）。

（3）人类活动。人类活动通过干扰全球环境过程与海岸带环境过程间接地影响海岸线的变迁，主要表现为以海岸防护为目的的防潮堤、丁坝突堤的修筑，以增加人类生存与发展空间为目的的围填海工程，以及以物品贸易、经济交流与交换为目的的港口码头的修建与扩张等，这些人类活动对岸线的直接改变具有较强的破坏性及不可逆性。

近年来，国外研究表明，海岸侵蚀与人类互动干预是全球海岸线变化和海岸带生态安全所面临的最普遍问题（Dar and Dar，2009；Kuleli，2010；Kurt et al.，2010；Brooks and Spencer，2012；Jayson-Quashigah et al.，2013）。人类干预对海岸的改变则更具有地区差异性，继而成为当前研究海岸线变化的一个热点方向。学者们普遍认为，由于海岸带陆上土地利用方式的改变，如大力兴建人造海堤、大规模进行经济与城镇建设，海洋高潮线变化区间受限，而伴随海洋低潮线的逐渐向上升，海岸带生态栖息地范围迅速缩小，海岸线呈现出明显的空间位移。例如，Guneroglu（2015）通过观测与对比土耳其东北部地区海岸带地区岸线与土地利用方式在1984～2011年的变化，发现1984～2011年海岸带地区建设用地规模扩张了1倍，其中主要占用的是海岸带农业用地，海岸线净变化量达到88.2m。Martínez等（2014）对墨西哥韦拉克鲁斯海湾1995～2006年土地利用变化展开研究，并分析其对海岸带两个本地物种生态位的影响。Nava和Ramírez-Herrera（2012）通过对墨西哥米却肯州、格雷罗州4个样点（两个农村样点、两个城市郊区样点）进行土地利用变化过程研究，分析土地利用变化导致的石珊瑚群落安全风险，结果显示，人类活动已经影响到石珊瑚群落自然保护区的安全——减少了石珊瑚群落物种丰富度和珊瑚覆盖面积。Qiang和Lam（2015）应用人工神经网络（Artificial Neural Network，ANN）分析了密西西比河下游流域1996～2006年土地利用变化情况，并基于15个人文与自然变量揭示了土地变化规律，运用元胞自动机模型预测了2016年的土地利用方式。也有学者从综合学科的视角对海岸带未来变化进行预测，对政策效果进行模拟（Simola，2015；Dupras et al.，2016），评估人文因素和政策因素的作用。例如，Simola（2015）十分重视土地的生产功能，从土地能力提升和农业补贴增加两个角度，应用可计算一般均衡（Computable General Equilibrium，CGE）模型模拟了芬兰的土地利用变化；Tok等（2015）则将地球科学的区划概念引入自然岸线格局研究，根据自然阈值将海岸带地区划分为优先保护地区、重点城镇化地区和其他功能地区。

我国学者也就海岸带土地利用变化的基本特征进行了研究，如杨长坤等（2015）对辽东湾的海岸线变迁和海岸带土地利用变化情况进行研究，结果表明，辽东湾岸线由陆地向海洋方向扩展，总长度增加了514km，海岸带总面积增加了404km²；从土地利用方面来看，港口不断扩建，建筑用地和未利用土地不断增加，绿地、湿地和滩涂大幅减少，这些变化主要是人类经济活动导致的。陈晓英等（2014，2015）研究发现1973~2013年三门湾岸线总体向海推进，总长度减少40.18km，沿岸陆域面积增加155.89km²，海岸人为开发是岸线变化的主导因素，且开发方式时间异质性显著：早期以围垦造田、堵港蓄淡为主，20世纪80年代后期至20世纪末，偏重围垦养殖，进入21世纪，开发规模大幅增长，围垦造田和养殖依然是海岸开发的主要方式，同时城镇、工业建设等围填海规模迅增，港口码头建设也加快了步伐，海岸开发方式呈现多样化。毕世普等（2014）通过近20年来胶东半岛南部Landsat TM遥感影像及ALOS、SPOT等高分辨率遥感影像的解译，结合GIS等手段和海岸带调查数据，制作了典型海岸带地区海岸线变化图和海岸带土地利用分类图，并对不同时期典型海岸带地貌的演变进行了分析，阐述了岸线变迁的控制因素及人类活动的影响。钱金平等（2013）、侯西勇和徐新良（2011）也就21世纪初河北海岸带、全国海岸带土地利用的主要类型和空间布局进行了分析。

总体来看，国内外学者已围绕海岸线精确快速提取的技术方法、海岸线变迁过程及其驱动因素开展了大量具有创新性与实践性的研究，研究视角逐步由自然过程分析走向人文–自然过程交互融合分析，研究方法也由定量统计分析向基于遥感和GIS技术平台的空间分析融合发展，研究内容由静态的海岸线变化及其自然驱动力走向动态的人文–自然综合驱动机制及海岸带综合管理研究。但伴随全球可持续发展需求的日趋旺盛及对人文–经济地理学要求的不断提升，以及受"未来地球—海岸研究计划"理念的影响和国际前沿的牵引，国内外学者对岸线生态安全与可持续开发的战略格局构建研究尚待系统化深入。现有研究较多地对海岸线时空演变过程进行对比分析，而更加具备科学性和前瞻性地判断海岸线功能格局状态，并优化海岸线功能格局的研究较少，亟须提高对海岸线可持续发展格局的评估水平和预测能力。

第五章 资源环境承载力评价

第一节 陆域资源环境承载力评价

按照《福建省主体功能区规划》成果（图5-1），将福建33个位于海岸带上的县级行政区划分为优化开发区、重点开发区，这些开发区是福建城镇化、工业化密集区。本节将对其进行陆域资源环境承载力评价。

一、土地资源评价

（一）土地建设开发适宜性评价结果

根据土地资源建设开发适宜性评价结果，对全省海岸带土地建设开发各适宜性类型面积进行汇总，如表5-1所示。

（1）海岸带地区土地资源建设开发的本底条件相对较优。整体来看，福建地区不适宜和特别不适宜建设开发的土地面积合计约76 744km²，占全省土地总面积的61.9%。适宜和基本适宜建设开发的土地面积合计约47 221km²，占全省土地总面积比例仅为38.1%，而且适宜和基本适宜建设开发的土地中有一部分零散分布，区位条件和交通可达性差，难以进行开发建设，这表明全省土地资源建设开发的本底条件相对较差。但海岸带地区土地资源建设开发本底条件优于内陆，适宜建设和基本适宜建设开发土地面积之和约为15 023.48km²，占海岸带地区面积的52.4%，高于全省平均水平。值得注意的是，海岸带地区适宜和基本适宜建设开发土地面积远低于内陆地区，但其适宜建设开发土地大多集中连片分布，区位条件和交通可达性较好，因此土地资源建设开发本底条件优于内陆地区。

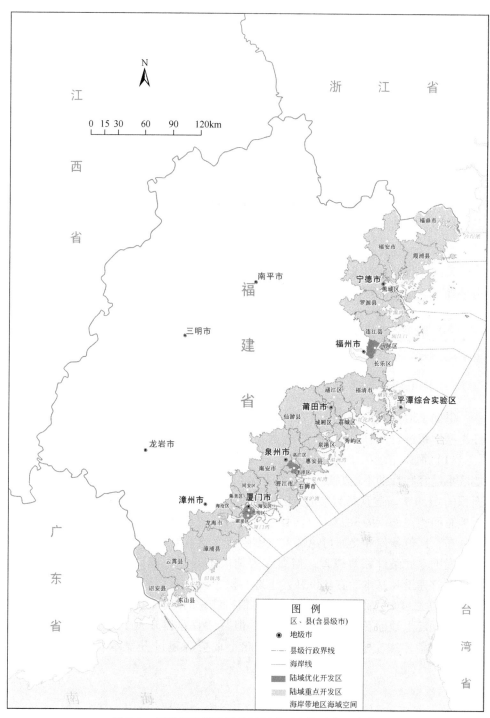

图 5-1　福建海岸带陆域县级行政区主体功能区定位

（2）区域土地资源建设开发本底条件差异明显。海岸带地区33个县（市、区）中，24个县（市、区）适宜和基本适宜建设开发土地面积占县（市、区）面积比例大于50%［其中有15个县（市、区）的比例大于60%］，占72.7%。湖里区的适宜和基本适宜建设开发土地面积比例最大，达96.5%；仙游县的比例最小，仅占31.7%。海岸带地区各县（市、区）的适宜和基本适宜建设开发土地面积差异明显，思明区的面积最小（62.03km²），漳浦县面积最大（1209.86km²），约是思明区面积的20倍。

表5-1 福建土地资源建设开发适宜性类型面积汇总（2015年）

行政区名称	适宜建设/km²	所占比例/%	基本适宜建设/km²	所占比例/%	不适宜建设/km²	所占比例/%	特别不适宜建设/km²	所占比例/%	适宜建设+基本适宜建设/km²	所占比例/%
福州海岸带	1 657.62	31.5	1 067.00	20.3	858.41	16.3	1 674.71	31.9	2 724.62	51.8
马尾区	96.97	35.2	53.01	19.2	100.08	36.3	25.52	9.3	149.98	54.4
连江县	361.78	28.8	333.93	26.6	226.69	18.1	332.28	26.5	695.71	55.4
罗源县	162.17	14.7	302.28	27.5	315.41	28.7	320.40	29.1	464.45	42.2
福清市	803.84	42.4	239.54	12.6	129.32	6.8	726.22	38.2	1 043.38	55.0
长乐区	232.86	32.0	138.24	19.0	86.91	11.9	270.29	37.1	371.10	51.0
厦门海岸带	985.89	58.0	191.24	11.3	308.34	18.1	214.30	12.6	1177.13	69.3
思明区	49.03	58.3	13.00	15.5	7.88	9.4	14.08	16.8	62.03	73.9
海沧区	128.92	69.1	15.46	8.3	26.15	14.0	15.94	8.6	144.38	77.4
湖里区	66.68	90.4	4.50	6.1	0.40	0.5	2.19	3.0	71.18	96.5
集美区	168.55	61.5	31.11	11.3	42.88	15.6	31.76	11.6	199.66	72.8
同安区	269.95	40.3	93.88	14.0	191.14	28.6	114.60	17.1	363.83	54.3
翔安区	302.76	73.5	33.29	8.1	39.89	9.7	35.73	8.7	336.05	81.6
莆田海岸带	1 232.25	29.7	638.24	15.5	1 118.98	27.1	1 142.55	27.7	1 870.49	45.3
城厢区	150.21	29.7	105.33	20.9	158.94	31.4	90.73	18.0	255.54	50.6
涵江区	236.50	29.7	138.19	17.3	261.79	32.7	163.24	20.4	374.69	46.9
荔城区	159.73	53.2	22.03	7.3	24.21	8.1	94.29	31.4	181.76	60.5
秀屿区	388.81	56.7	84.59	12.4	14.46	2.1	197.07	28.8	473.40	69.1
仙游县	297.00	16.1	288.10	15.6	659.58	35.9	597.22	32.4	585.10	31.8
泉州海岸带	2 088.16	45.6	573.74	12.5	798.86	17.4	1121.09	24.5	2 661.90	58.1
丰泽区	68.81	53.1	18.85	14.5	6.08	4.7	35.89	27.7	87.66	67.6
洛江区	116.13	31.0	76.48	20.4	66.01	17.6	116.19	31.0	192.61	51.4
泉港区	176.52	51.8	73.59	21.6	33.59	9.9	57.09	16.8	250.11	73.4

行政区名称	适宜建设/km²	所占比例/%	基本适宜建设/km²	所占比例/%	不适宜建设/km²	所占比例/%	特别不适宜建设/km²	所占比例/%	适宜建设+基本适宜建设/km²	所占比例/%
惠安县	428.51	54.2	98.18	12.4	45.71	5.8	217.75	27.6	526.69	66.6
石狮市	139.79	78.6	12.63	7.1	0.65	0.4	24.62	13.9	152.42	85.8
晋江市	577.03	77.4	11.53	1.6	3.47	0.5	152.26	20.5	588.56	79.1
南安市	581.37	28.6	282.48	14.0	643.35	31.8	517.29	25.6	863.85	42.7
漳州海岸带	1 951.84	32.3	1 285.16	21.2	980.29	16.2	1 836.43	30.3	3 237.00	53.5
云霄县	302.05	28.8	110.56	10.5	143.79	13.7	494.34	47.0	412.61	39.3
漳浦县	648.64	30.1	561.22	26.2	426.21	19.9	510.15	23.8	1 209.86	56.4
诏安县	308.76	23.9	234.27	18.1	310.59	24.0	440.03	34.0	543.03	42.0
东山县	148.96	60.0	21.04	8.5	0.27	0.1	78.08	31.4	170.00	68.5
龙海市	543.43	41.3	358.07	27.2	99.43	7.6	313.83	23.9	901.50	68.5
宁德海岸带	1 311.01	20.0	1 773.30	27.0	1 526.48	23.3	1 954.46	29.7	3 084.31	47.0
蕉城区	282.10	18.7	301.54	20.0	373.57	24.8	548.29	36.5	583.64	38.8
霞浦县	355.45	20.8	477.39	27.9	464.56	27.2	411.04	24.1	832.84	48.7
福安市	302.69	16.7	630.27	34.8	332.29	18.4	544.49	30.1	932.96	51.5
福鼎市	370.77	24.1	364.10	23.6	356.06	23.1	450.64	29.2	734.87	47.7
平潭综合实验区	203.89	51.9	64.13	16.3	33.74	8.6	91.16	23.2	268.02	68.2
平潭县	203.89	51.9	64.13	16.3	33.74	8.6	91.16	23.2	268.02	68.2
海岸带地区	9 430.66	32.9	5 592.81	19.5	5 625.10	19.6	8 034.70	28.0	15 023.47	52.4

（二）土地建设开发承载状态评价结果

海岸带地区土地建设开发承载状态整体为可载，土地资源开发建设压力总体较小，现状建设开发格局与土地资源条件基本协调。海岸带地区 33 个县（市、区）中，6 个市辖区土地建设开发承载状态为临界超载，占 18.2%，集中分布在厦门湾和泉州湾等经济发达地区。具体来讲，思明区、湖里区、海沧区、丰泽区、石狮市、晋江市等地区随着城市人口、产业的集聚和城区空间的拓展，适宜建设的土地被大量开发为建设用地，现状土地建设开发压力指数已达 0.57 ~ 0.86，接近优化开发区和重点开发区的适宜建设开发程度阈值（0.9 和 0.8），目前土地建设开发承载能力处于临界超载状态（图 5-2）。

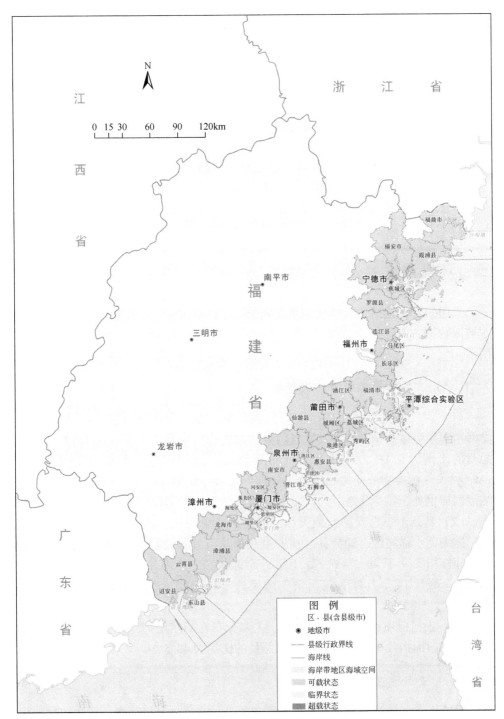

图 5-2　福建省海岸带土地建设开发承载状态评价

二、水资源评价

整体来看，海岸带地区水资源利用强度接近临界状态，局部地区水资源利用强度处于超载状态。具体来讲，海岸带 33 个县域中，水资源超载区共包括 15 个县域，约占全省县域单元总量的 45.5%，集中分布在厦门湾、泉州湾地区。超载县域受台湾雨影区和地形条件的影响，境内没有大的河流发育，因此淡水资源紧缺。与此同时，位于闽东南沿海的超载和临界超载县域人口密集、经济较为发达，用水量较大，超载县域水资源利用强度超过 0.40，临界超载县域水资源利用强度介于 0.30~0.40，因此水资源开发利用承载状态为超载和临界超载（图 5-3，表 5-2）。

三、环境评价

采用的数据包括大气环境监测点数据、主要河流断面水质数据及各县区饮用水监测数据，对于缺失数据采用普通克里金法进行推算。评价结果如表 5-3 所示。

（一）大气环境承载力评价结果

（1）大气环境综合超载严重的县域集中分布在闽东南地区，包括南安市、龙海市、泉港区 3 个县域，其大气污染物浓度超标指数均大于 0，占海岸带县域总量的比例为 9.1%。导致其大气污染物浓度处于超标状态的单项指标均为 $PM_{2.5}$，大气污染物浓度超标指数为分别为 0.26、0.01、0.01，而南安市的 PM_{10} 浓度同样也处于超标状态。

（2）晋江市、惠安县、集美区、湖里区、思明区、海沧区、翔安区、同安区、秀屿区、荔城区、仙游县、福安市、福鼎市、霞浦县 14 个县域大气污染物浓度超标指数介于 -0.2~0，处于接近超标状态，占海岸带县域总量的比例为 42.4%。导致 14 个县域大气污染物浓度处于接近超标状态的首要大气污染物为 $PM_{2.5}$。

（3）未超标地区包括 16 个县域，主要分布在闽东沿海地区。其环境污染物浓度综合超标指数小于 -0.2，占县域总量的比例为 48.5%，

（二）水环境承载力评价结果

整体来看，海岸带地区水环境承载力较高，无超标县域。水污染物浓度超标

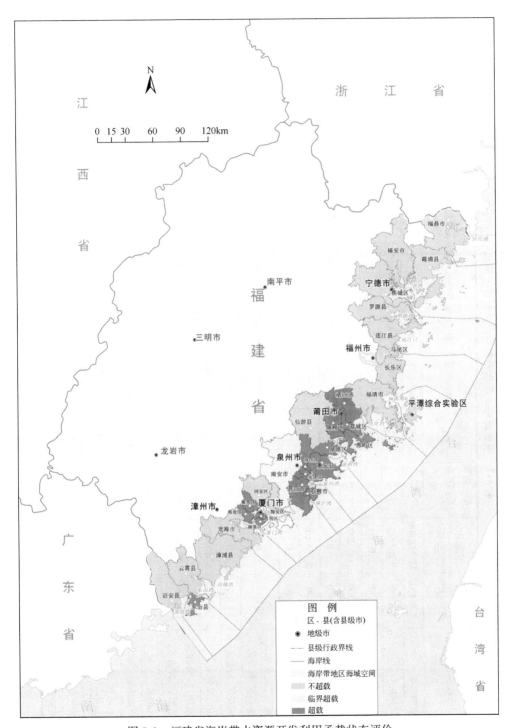

图 5-3 福建省海岸带水资源开发利用承载状态评价

表5-2 福建省海岸带水资源利用开发评价结果

行政区名称	境内水资源量	入境水资源量	入境水资源可利用系数γ值	入境可利用水资源量	调入水量	调出水量	净增水量	水资源总量	2015年用水总量	水资源利用强度	水资源承载状态
福建海岸带	476 400	11 343 000		236 616	100 000	29 200	307 416	783 816	211 000	0.27	可载
马尾区	87 100	5 263 000	0.02	105 260	29 200	0	134 460	221 560	65 200	0.29	可载
连江县	96 600	210 000	0.05	10 500	0	10 600	-100	96 500	24 500	0.25	可载
罗源县	112 200	115 200	0.05	5 760	0	18 600	-12 840	99 360	18 000	0.18	可载
福清市	127 400	0	0	0	53 700	0	53 700	181 100	49 200	0.27	可载
长乐区	53 100	5 754 800	0.02	115 096	17 100	0	132 196	185 296	54 100	0.29	可载
厦门海岸带	126 400	0	0	0	63 000	0	63 000	189 400	63 073	0.33	临界超载
湖里区、思明区、集美区、海沧区	38 600	0	0	0	37 800	0	37 800	76 400	38 521	0.5	超载
同安区、翔安区	87 800	0	0	0	25 200	0	25 200	113 000	24 552	0.22	可载
莆田海岸带	350 600	1 363 600	0	1 000	166 300	9 800	157 500	508 100	427 020	0.84	超载
城厢区、涵江区、荔城区、秀屿区	177 700	50 000	0.02	1 000	7 650	0	8 650	186 350	81 956	0.44	超载
仙游县	172 900	87 600	0	0	7 650	0	7 650	180 550	34 789	0.19	可载
泉州海岸带	300 800	837 031	0	0	97 600	9 800	101 834	402 634	224 928	0.56	超载
丰泽区、洛江区、泉港区	32 200	467 800	0.03	14 034	42 000	0	56 034	88 234	55 587	0.63	超载
惠安县	54 500	0	0	0	11 400	0	11 400	65 900	29 760	0.45	超载
石狮市	8 184	0	0	0	12 200	0	12 200	20 384	21 119	1.04	超载

续表

行政区名称	境内水资源量	入境水资源量	入境水资源可利用系数 γ值	入境可利用水资源量	调入水量	调出水量	净增水量	水资源总量	2015年用水总量	水资源利用强度	水资源承载状态
晋江市	36 916	0	0	0	32 000	0	32 000	68 916	67 792	0.98	超载
南安市	169 000	369 231	0	0	0	9 800	-9800	159 200	50 670	0.32	临界超载
漳州海岸带	477 500	1 335 900		66 642	2 400	41 752	27 290	504 790	124 000	0.25	可载
云霄县	93 700	15 300	0.04	612	0	2 152	-1 540	92 160	18 100	0.2	可载
漳浦县	136 700	28 500	0.05	1 425	0	-2 400	3 825	140 525	35 700	0.25	可载
诏安县	127 800	17 300	0.05	865	0	0	865	128 665	22 600	0.18	可载
东山县	14 500	0	0	0	2 400	0	2 400	1 6900	8 500	0.5	超载
龙海市	104 800	1 274 800	0.05	63 740	0	42 000	21 740	126 540	39 100	0.31	临界超载
宁德海岸带	708 900	581 530		13 697.6	0	0	13 697.6	722 597.6	102 841	0.14	可载
蕉城区	182 900	310 700	0.02	6 214	0	0	6 214	189 114	23 305	0.12	可载
霞浦县	150 100	30 800	0.05	1 540	0	0	1 540	151 640	18 562	0.12	可载
福安市	198 000	201 930	0.02	4 038.6	0	0	4 038.6	202 038.6	32 904	0.16	可载
福鼎市	17 7900	38 100	0.05	1 905	0	0	1 905	179 805	28 070	0.16	可载
平潭综合实验区	18 800	0	0	0	30 053	0	30 053	48 853	3 300	0.07	可载
平潭县	18 800	0	0	0	30 053	0	30 053	48 853	3 300	0.07	可载

注：部分沿海地市市辖区作为整体进行水资源量统计；各地区海岸带入境水资源可利用系数 γ 值取其各辖区 γ 值的平均值

表 5-3　福建省海岸带环境综合承载力评价结果

区域		大气污染物浓度超标情况		水污染物浓度超标情况		环境污染物浓度综合超标情况	
		指数	类型	指数	类型	指数	类型
福州海岸带	马尾区	−0.23	可载	−0.29	可载	−0.23	可载
	连江县	−0.26	可载	−0.35	可载	−0.26	可载
	罗源县	−0.38	可载	0	临界超载	0	临界超载
	福清市	−0.33	可载	−0.06	临界超载	−0.06	临界超载
	长乐区	−0.27	可载	−0.14	临界超载	−0.14	临界超载
厦门海岸带	思明区	−0.15	临界超载	−0.12	临界超载	−0.12	临界超载
	海沧区	−0.1	临界超载	−0.17	临界超载	−0.1	临界超载
	湖里区	−0.17	临界超载	−0.13	临界超载	−0.13	临界超载
	集美区	−0.13	临界超载	−0.19	临界超载	−0.13	临界超载
	同安区	−0.19	临界超载	−0.11	临界超载	−0.11	临界超载
	翔安区	−0.16	临界超载	−0.14	临界超载	−0.14	临界超载
莆田市海岸带	城厢区	−0.37	可载	−0.24	可载	−0.24	可载
	涵江区	−0.27	可载	−0.44	可载	−0.27	可载
	荔城区	−0.12	临界超载	−0.16	临界超载	−0.12	临界超载
	秀屿区	−0.12	临界超载	−0.17	临界超载	−0.12	临界超载
	仙游县	−0.06	临界超载	−0.44	可载	−0.06	临界超载
泉州市海岸带	丰泽区	−0.31	可载	−0.42	可载	−0.31	可载
	洛江区	−0.28	可载	−0.21	可载	−0.21	可载
	泉港区	0.01	超载	−0.17	临界超载	0.01	超载
	惠安县	−0.12	临界超载	−0.43	可载	−0.12	临界超载
	石狮市	−0.23	可载	−0.17	临界超载	−0.17	临界超载
	晋江市	−0.02	临界超载	−0.11	临界超载	−0.02	临界超载
	南安市	0.26	超载	−0.48	可载	0.26	超载

区域		大气污染物浓度超标情况		水污染物浓度超标情况		环境污染物浓度综合超标情况	
		指数	类型	指数	类型	指数	类型
漳州市海岸带	云霄县	-0.26	可载	-0.27	可载	-0.26	可载
	漳浦县	-0.32	可载	-0.25	可载	-0.25	可载
	诏安县	-0.34	可载	-0.23	可载	-0.23	可载
	东山县	-0.38	可载	-0.11	临界超载	-0.11	临界超载
	龙海市	0.01	超载	-0.11	临界超载	0.01	超载
宁德市海岸带	蕉城区	-0.24	可载	-0.71	可载	-0.24	可载
	霞浦县	-0.14	临界超载	-0.29	可载	-0.14	临界超载
	福安市	-0.04	临界超载	-0.38	可载	-0.04	临界超载
	福鼎市	-0.18	临界超载	-0.46	可载	-0.18	临界超载
平潭综合实验区	平潭县	-0.46	可载	-0.24	可载	-0.24	可载

指数相对偏高的地区主要集中在九龙江流域、汀江流域、晋江下游流域、木兰溪流域、龙江流域等。具体来讲，晋江市、石狮市、泉港区、思明区、湖里区、海沧区、集美区、同安区、翔安区、罗源县、福清市、长乐区、龙海市、东山县、荔城区、秀屿区16个县域指数介于-0.2~0，处于临界超载状态，占县域总量的比例为48.5%；其余17个县域指数小于-0.2，处于可载状态，占县域总量的比例为51.5%。

从单项污染物指标的状况来看，接近超标的县域，其河流主要水污染因子大多为TP，湖库主要水污染因子大多为TN，福清市、长乐区的主要水污染因子为NH_4^+-N，晋江市、石狮市的主要水污染因子为DO。

(三) 环境综合承载力评价结果

将大气环境和水环境承载力进行集成评价，得出环境综合承载力评价结果如表5-3和图5-4所示。从环境污染物浓度综合超标指数的空间分布来看，闽东南地区环境污染物浓度综合超标指数相对较高，这与福建海岸带地区社会经济发展和开发的空间布局相对接近。其中，南安市、龙海市、泉港区指数大于0，污染物浓度处于超标状态，占比为9.1%；东山县、晋江市、石狮市、惠安县、福安

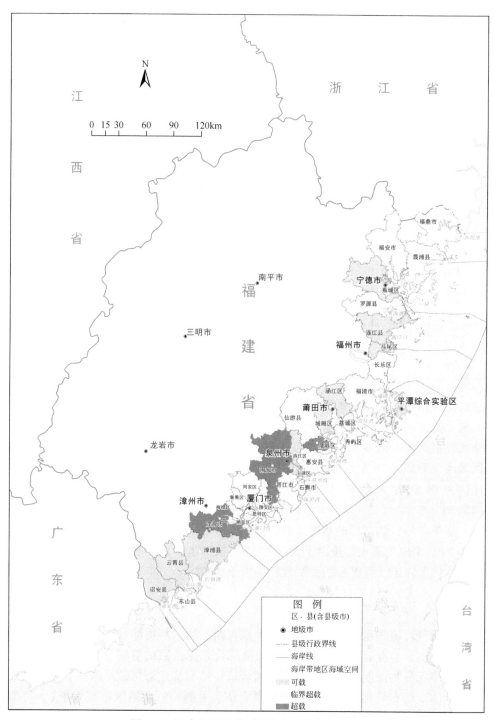

图 5-4　福建省海岸带环境综合承载状态评价

市、霞浦县、福鼎市、仙游县、罗源县、福清市、长乐区、海沧区、同安区、思明区、集美区、湖里区、翔安区、秀屿区、荔城区等19个县域指数介于-0.2 ~ 0，环境污染物浓度综合超标指数处于接近超标状态，占比为57.6%；其余11个县域指数小于-0.2，环境污染物浓度综合超标指数处于可载状态，占比为33.3%。

四、生态评价

结合福建海岸带实际情况，生态退化问题主要表现为水土流失和土地盐渍化，因此，评价数据以水土流失和盐渍化等数据为主。评价结果如表5-4和图5-5所示，海岸带地区生态退化威胁整体较小，仅秀屿区、诏安县2个县域 H 值介于3%~6%，生态系统健康度为中等，其他地区生态系统健康度均为高。其主要成因如下。

（1）秀屿区主要表现为土壤盐渍化问题，由于海岸带多为砂质和淤泥质海岸，海岸侵蚀、海水入侵、土地盐渍化问题较为严重，据有关数据显示，秀屿区沿岸海水入侵区伸入陆地约4.0km，严重入侵达3.0km，海水氯度最高值为1670mg/L。

（2）诏安县主要表现为水土流失较为严重，剧烈以上的水土流失面积占县域面积较大，一方面，土壤以赤红壤和红壤为主，由于复杂的山地条件和较大的地势高差，其抗侵蚀能力弱，加上亚热带季风气候降水量较为集中，水土流失易发生；另一方面，山地农业的开发和发展增大了地表径流速度，提高了径流对土壤的冲刷能力，加剧了水力对地表的剥蚀。

表5-4 福建省海岸带生态评价结果

行政区划		土地面积/km²	流失面积/km²	盐碱地/km²	合计/km²	生态系统健康度 H/%	生态系统健康度评级
福州海岸带	马尾区	275.64	2.58	0	2.58	0.9	高
	连江县	1255.12	17.04	0.2	17.24	1.4	高
	罗源县	1100.32	14.94	1.02	15.96	1.5	高
	福清市	1900.61	1.09	0	1.09	0.1	高
	长乐区	729.48	4.99	0	4.99	0.7	高

续表

行政区划		土地面积 /km²	流失面积 /km²	盐碱地 /km²	合计 /km²	生态系统健康度 H/%	生态系统健康度评级
厦门海岸带	思明区	84	0.31	0	0.31	0.4	高
	海沧区	186.82	5.18	0	5.18	2.8	高
	湖里区	73.98	0.05	0	0.05	0.1	高
	集美区	274.3	2.59	0	2.59	0.9	高
	同安区	669.36	7.02	0	7.02	1.0	高
	翔安区	412.09	3.41	0	3.41	0.8	高
莆田海岸带	城厢区	505.06	3.1	0	3.1	0.6	高
	涵江区	799.56	0.1	0	0.1	0	高
	荔城区	300.25	1.22	5.61	6.83	2.3	高
	秀屿区	685.67	7.22	16.02	23.24	3.4	中等
	仙游县	1841.11	31.19	0	31.19	1.7	高
泉州海岸带	丰泽区	129.63	0.78	0	0.78	0.6	高
	洛江区	374.81	1.27	0	1.27	0.3	高
	泉港区	340.93	4.98	0	4.98	1.5	高
	惠安县	791.25	10.66	0	10.66	1.3	高
	石狮市	178.42	1.99	0	1.99	1.1	高
	晋江市	744.35	9.92	0	9.92	1.3	高
	南安市	2024.49	51.54	0	51.54	2.5	高
漳州海岸带	云霄县	1050.83	19.19	0	19.19	1.8	高
	漳浦县	2149.31	31.67	0	31.67	1.5	高
	诏安县	1293.88	49.08	0	49.08	3.8	中等
	东山县	248.89	4.39	0	4.39	1.8	高
	龙海市	1318.73	28.29	0	28.29	2.1	高
宁德海岸带	蕉城区	1505.47	13.94	0	13.94	0.9	高
	霞浦县	1708.44	0.53	24.1	24.63	1.4	高
	福安市	1809.75	21.58	0	21.58	1.2	高
	福鼎市	1542.05	1.8	0	1.8	0.1	高
平潭综合实验区	平潭县	393.41	0.88	0	0.88	0.2	高

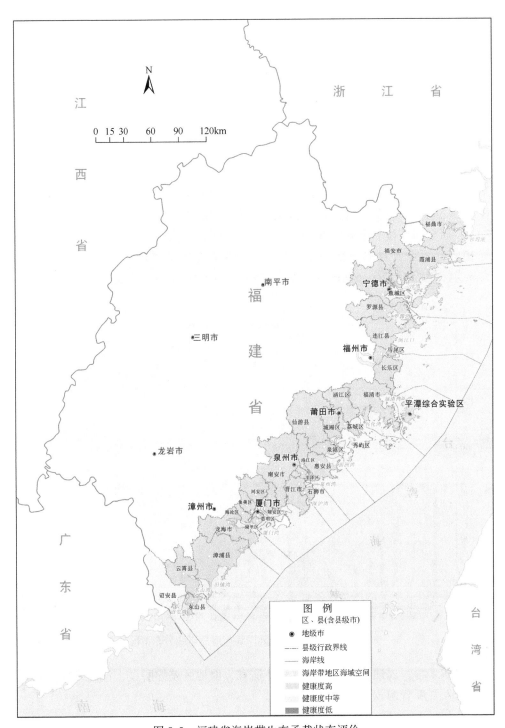

图 5-5　福建省海岸带生态承载状态评价

第二节 海域资源环境承载力评价

一、海洋空间资源评价

（一）岸线开发强度评价

福建海岸线北起福鼎市沙埕镇的虎头鼻，南至诏安县洋林的铁炉岗，大陆线长3523.90km，居全国第二位，占全国大陆岸线的20%，海岸线曲折率达1：7.01，居全国首位。全省海岛数量合计2215个，海岛岸线总长2503.58km。截至2015年，全省自然岸线长3188.38km，占全省海岸线总长的52.9%。其中，大陆自然岸线长1266.58km，海岛自然岸线长1921.80km（图5-6）。

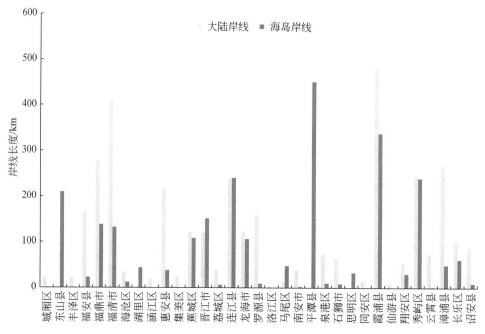

图5-6 按县域统计大陆岸线与海岛岸线分布情况

整体来看，福建岸线开发强度整体适宜，但地区差异明显，江河入海口地区岸线开发强度普遍较高（图5-7）。

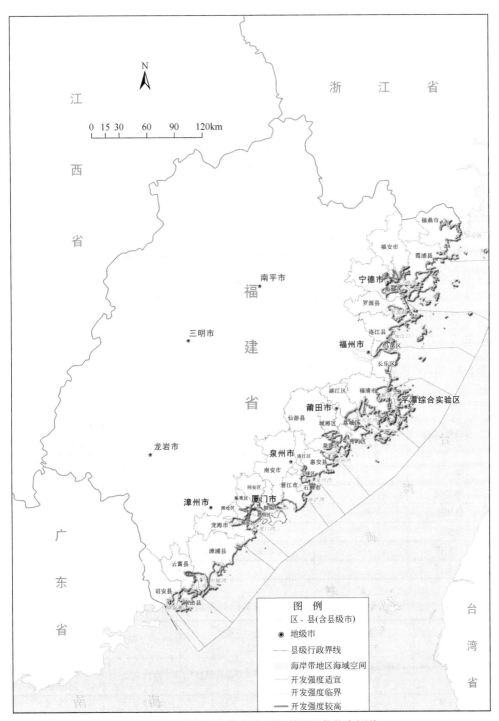

图 5-7　福建省海岸带岸线开发利用承载状态评价

（1）岸线开发强度较高的地区（$S_1 \geqslant 1.30$）主要分布在近岸港湾，包括三沙湾地区的福安市，兴化湾地区的荔城区和涵江区，泉州湾地区的洛江区和丰泽区，厦门湾地区的思明区、湖里区、同安区、集美区和翔安区，东山湾地区的云霄县11个县域。自然岸线受地区港口码头建设、工业与城镇建设等人类活动干扰较大。但从海陆空间主体功能定位来看，这些地区海陆空间均是以重点开发为主，岸线开发力度日趋加剧。由表5-5～表5-7可知，岸线开发强度较高的具体成因如下：福安市地处闽东水陆交通枢纽，港口码头建设过度是岸线开发强度较高的主要原因；厦门湾地区的思明区、湖里区、同安区、集美区和翔安区岸线开发强度较高是由于港口码头建设过度及工业与城镇建设（围填海造地）；泉州湾地区的洛江区和丰泽区海域均为海洋保护区与保留区，海洋空间资源应以保护为主，而陆域主体功能为优化开发区和重点开发区，陆域空间资源以开发为主，海陆主体功能定位明显错位，导致岸线开发强度过大；在《福建省海洋功能区划（2011—2020）》中，兴化湾地区的荔城区、涵江区的海洋保护区与保留区岸线比例较高。但在实际开发利用中，两地区岸线多以围海养殖开发为主，从而导致地区岸线开发强度较高；云霄县海域主体功能为海洋保护区与保留区，陆域主体功能为重点开发区，海陆主体功能定位明显错位，导致岸线开发强度过大。

表5-5　福安市湖里区、思明区、集美区、同安区、翔安区岸线实际开发结构与开发阈值对比

（单位:%）

县级行政区	《福建省海洋功能区划（2011—2020）》所确定的岸线开发阈值		岸线实际开发结构	
	港口码头	工业与城镇	港口码头	工业与城镇
福安市	7.2	26.9	22.8	12.7
湖里区	37.1	25.3	47.8	26.4
思明区	0.6	6.8	11.4	27.2
集美区	0.0	24.7	0.0	63.2（含防护堤坝岸线）
同安区	0.0	76.3	0.0	96.3
翔安区	5.2	30.1	16.2	30.5

表5-6　丰泽区和洛江区岸线实际开发结构与开发阈值对比 （单位:%）

县级行政区	《福建省海洋功能区划（2011—2020）》所确定的岸线开发阈值			岸线实际开发结构	
	海洋保护区与保留区	港口码头	工业与城镇	港口码头	工业与城镇、防护堤坝
丰泽区	56.7	0.0	43.3	12.7	37.9
洛江区	63.2	0.0	36.8	0.0	65.1

表5-7 荔城区、涵江区、云霄县岸线实际开发结构与开发阈值对比

（单位:%）

县级行政区	《福建省海洋功能区划（2011—2020）》所确定的岸线开发阈值			岸线实际开发结构	
	海洋保护区与保留区	工业与城镇	农渔业区	港口码头、工业与城镇	围塘堤坝、防护堤坝
荔城区	87.8	0	0	0.9	72.5
涵江区	45.7	34.4	12.2	16.7	83.3
云霄县	65.2	0	13.9	3.5	35.8

（2）岸线开发强度临界地区（$1.1 \leqslant S_1 < 1.3$）集中分布在厦门湾海域，包括海沧区和龙海市两个县级行政区。此外，湄洲湾地区的城厢区及闽江口的马尾区的岸线开发强度也处于临界状态。从海陆空间主体功能定位来看，这些地区海陆空间均是以重点开发为主，岸线开发力度日趋加剧，应及时管控指导。

（3）岸线开发强度适宜的地区（$S_1 \leqslant 0.90$）包括闽东三沙湾地区的蕉城区、霞浦县和福鼎市，罗源湾地区的罗源县，闽江口地区的连江县、福清市和平潭综合实验区，湄洲湾地区的秀屿区和仙游县，泉州湾地区的泉港区、惠安县、石狮市和晋江市，以及闽南沿海的漳浦县、诏安县和东山县等18个县（市、区）。从海陆空间主体功能定位来看，该类地区陆域空间均是以重点开发为主，而海域空间则以海洋生态功能区为主，并且存在海洋渔业。

（二）海域空间资源评价

评价结果显示（图5-8和表5-8），福建海域开发强度整体处于适宜状态，但空间差异明显，拥有较小海域空间的近岸海湾地区受工业化与城镇化影响，海域开发强度较高。

（1）海域开发强度较高的地区（$S_2 \geqslant 0.6$）主要集中在近岸海湾地区，包括三沙湾地区的蕉城区，罗源湾地区的罗源县，兴化湾地区的荔城区，湄洲湾地区的城厢区、泉港区和仙游县，泉州湾地区的丰泽区、洛江区，以及东山湾地区的云霄县等10个县（市、区）。从海陆空间主体功能定位来看，这些地区陆域空间以重点开发为主，而海域空间以优化开发和海洋生态功能保护为主，其中云霄县、城厢区、丰泽区和洛江区海陆主体功能发展方向严重错位，从而导致海域空间开发程度较高。海域开发强度较高的地区主要集中在拥有较小海域空间的近岸海湾地区，大规模的渔业用海、港口航运建设是海域过度开发的主要原因。

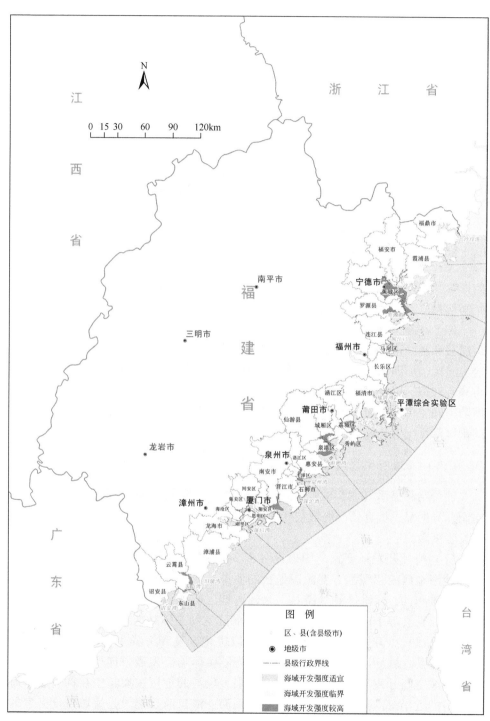

图 5-8　福建省海岸带海域开发利用承载状态评价

表5-8　福建省沿海县海域开发强度评价结果

地区	县域	陆域主体功能区	海域开发资源效应指数	海域空间开发利用标准	海域开发强度指数	指标分级
福州市	马尾区	优化开发区域	0.13	0.39	0.33	临界
	连江县	重点开发区域	0.03	0.30	0.09	适宜
	罗源县	重点开发区域	0.48	0.31	1.55	较高
	福清市	重点开发区域	0.15	0.45	0.30	适宜
	长乐区	重点开发区域	0.01	0.49	0.02	适宜
厦门市	湖里区	优化开发区域	0.26	0.47	0.54	临界
	思明区	优化开发区域	0.12	0.37	0.32	临界
	集美区	重点开发区域	0.06	0.60	0.10	适宜
	同安区	重点开发区域	0.06	0.60	0.11	适宜
	海沧区	重点开发区域	0.20	0.43	0.47	临界
	翔安区	重点开发区域	0.15	0.31	0.48	临界
莆田市	秀屿区	重点开发区域	0.06	0.53	0.11	适宜
	仙游县	重点开发区域	0.60	0.46	1.31	较高
	城厢区	重点开发区域	0.59	0.16	3.61	较高
	涵江区	重点开发区域	0.15	0.35	0.43	临界
	荔城区	重点开发区域	0.14	0.13	1.11	较高
泉州市	丰泽区	优化开发区域	0.15	0.03	5.69	较高
	洛江区	重点开发区域	0.55	0.00	\	较高
	泉港区	重点开发区域	0.34	0.30	1.12	较高
	惠安县	重点开发区域	0.04	0.56	0.08	适宜
	南安市	重点开发区域	0.41	0.42	0.98	较高
	石狮市	重点开发区域	0.02	0.58	0.04	适宜
	晋江市	重点开发区域	0.01	0.50	0.03	适宜
漳州市	漳浦县	重点开发区域	0.03	0.58	0.06	适宜
	诏安县	重点开发区域	0.04	0.54	0.07	适宜
	东山县	重点开发区域	0.03	0.54	0.05	适宜
	龙海市	重点开发区域	0.04	0.52	0.07	适宜
	云霄县	重点开发区域	0.36	0.22	1.61	较高
宁德市	蕉城区	重点开发区域	0.25	0.36	0.68	较高
	霞浦县	重点开发区域	0.04	0.51	0.08	适宜

地区	县域	陆域主体功能区	海域开发资源效应指数	海域空间开发利用标准	海域开发强度指数	指标分级
宁德市	福鼎市	重点开发区域	0.02	0.38	0.04	适宜
	福安市	重点开发区域	0.19	0.32	0.58	临界
平潭综合实验区	平潭县	重点开发区域	0.01	0.49	0.02	适宜

（2）海域开发强度临界地区（$0.30<S_2<0.6$）主要分布在闽东南临海工业集中区，包括三沙湾的福安市，闽江口的马尾区，兴化湾的涵江区，厦门湾的思明区、湖里区、海沧区和翔安区，受工业化与城镇化驱动，该地区海域开发规模相对较大，开发强度处于临界状态。从海陆空间主体功能定位看，这些地区海陆空间均以优化开发为主。

（3）海域开发强度适宜地区（$S_2 \leq 0.30$）主要分布在具有辽阔海域空间的县域，包括福鼎市、霞浦县、长乐区、连江县、福清市、平潭综合实验区、秀屿区、晋江市、石狮市、惠安县、集美区、同安区、龙海市、漳浦县、东山县和诏安县16个县（市、区）。从海陆主体功能定位来看，陆域和岸线的开发、保护定位与海域主体功能定位尚未出现明显偏差，所以海域开发强度较为适宜。

二、海洋渔业资源评价

（一）鱼卵密度变化

福建近岸海域鱼卵密度空间分布呈现南高北低的特征，高密度区主要集中在东山湾一带海域，年均值达到500个/100m³，闽江口以北海域数量较低，年均值不超过100个/100m³。

从近三年鱼卵密度变化情况来看：除惠安县鱼卵密度呈现下降趋势之外，其他县域均呈现稳定态势。

（二）仔稚鱼密度变化

福建近岸海域仔稚鱼密度空间分布呈现出显著的季节性特征，春季高密度区位于北部海域，夏季高密度区则以闽江口和厦门湾海域较高，秋季高密度区以东山海域最为密集，冬季高密度区主要出现在东北部海域。

从近三年仔稚鱼密度变化情况来看：除长乐区、秀屿区呈现下降态势之外，其他县域均呈现出稳定态势。

（三）海洋渔业资源综合承载评价

全省海洋渔业资源承载能力整体较高，处于可载状态的县（市、区）占比较高（表5-9）。具体来讲，在福建海岸带含有海洋渔业监测样点的12个县（市、区）中仅长乐区、秀屿区海洋渔业资源承载力处于临界超载状态，其余10个县（市、区）海洋渔业资源承载力均为可载。

表5-9　海洋渔业资源评价结果

超载类型	县域
可载	福州市：连江县； 泉州市：惠安县、晋江市； 漳州市：龙海市、漳浦县、诏安县、东山县； 宁德市：福鼎市、霞浦县； 平潭综合实验区：平潭县
临界超载	福州市：长乐区； 莆田市：秀屿区
无监测样点区	福州市：马尾区、罗源县、福清市； 厦门市：思明区、湖里区、海沧区、集美区、同安区、翔安区； 莆田市：荔城区、城厢区、涵江区、仙游县； 泉州市：丰泽区、洛江区、泉港区、南安市、石狮市； 漳州市：云霄县； 宁德市：蕉城区、福安市

（四）成因分析

1. 过度捕捞是导致海洋渔业资源临界超载的直接原因

改革开放以来，福建海洋捕捞量从1978年的34.33万t增至2014年的232.19万t。根据李雪丁和卢振彬（2008）的研究成果，福建近海渔业最大可持续渔获物开发量为164.46万t，而1994年以来福建近海实际渔获量为179.81万～232.19万t，已连续23年（1994～2017年）超过了渔业资源的最大可持续渔获物开发量。由此可见，福建海洋渔业资源开发利用状况日益呈现出渔获量超标的势态，渔业捕捞过度是导致渔业资源日益减少的最直接原因。

2. 地区工业化与城镇化建设挤占渔业资源生存空间

随着福建沿海地区工业化与城镇化水平的日益提升，港口航运设施、临港工业和城镇需求空间不断扩展，沿海地区人地矛盾日趋紧张，向海洋要空间、要发展、要后劲成为福建沿海地区经济发展的重要战略取向。伴随沿海地区大规模港口建设、临海工业、滨海旅游的发展，海洋渔业资源的生存和发展空间必然会受到影响。根据围填海数据，截至 2013 年底，福建围填海总面积达 847km²，主要利用类型为农业种植、港口运输、工业与城镇建设，渔业资源原生空间不断减少（潘非斐，2016）。此外，伴随沿海地区临海工业和养殖业的飞速发展，内陆水域的污染日益严重，进一步加剧了海洋污染，海洋渔业资源生存环境质量也逐步降低。

三、海洋生态环境承载能力评价

（一）海洋环境承载能力评价

2015 年，福建海岸带地区海域 Ⅰ、Ⅱ、Ⅲ、Ⅳ 和劣Ⅳ类水质的海域面积分别占评价海域的 62.8%、16.8%、10.3%、5.3% 和 4.8%（表 5-10）。水质评价结果显示（表 5-10），海洋环境处于临界超载状态，海洋环境超载地区主要位于江河入海口和海湾地区，粪大肠菌群和活性磷酸盐是影响福建海水水质的最大污染因素，农渔业用海区水质超标是导致全省水质下降的重要原因。

表 5-10　福建县域海域水质评价结果　　　　　（单位：%）

地区	县域	Ⅰ类水质	Ⅱ类水质	Ⅲ类水质	Ⅳ类水质	劣Ⅳ类水质
福州市	马尾区	0.0	0.0	0.0	0.0	100.0
	连江县	57.7	19.6	11.2	7.2	4.3
	罗源县	0.0	1.1	4.9	38.0	56.0
	福清市	4.5	42.7	23.3	19.1	10.4
	长乐区	69.0	10.6	10.9	6.6	2.9
厦门市	湖里区	0.0	0.0	0.0	0.0	100.0
	思明区	0.0	0.0	0.0	34.5	65.5
	集美区	0.0	0.0	0.0	0.0	100.0
	同安区	0.0	0.0	0.0	0.0	100.0
	海沧区	0.0	0.0	0.0	0.0	100.0
	翔安区	0.0	27.6	28.9	12.6	30.9
莆田市	秀屿区	71.0	17.0	9.6	2.4	0.0
	仙游县	0.0	0.0	0.0	0.0	100.0
	城厢区	0.0	0.0	20.3	30.4	49.3
	涵江区	0.0	0.0	7.5	88.9	3.6
	荔城区	0.0	0.0	0.0	91.8	8.2

地区	县域	Ⅰ类水质	Ⅱ类水质	Ⅲ类水质	Ⅳ类水质	劣Ⅳ类水质
泉州市	丰泽区	0.0	0.0	0.0	0.0	100.0
	洛江区	0.0	0.0	0.0	0.0	100.0
	泉港区	0.0	81.3	12.1	0.0	6.6
	惠安县	54.4	28.5	14.7	1.2	1.2
	南安市	0.0	66.4	20.3	13.3	0.0
	石狮市	71.7	22.3	2.8	0.0	3.2
	晋江市	67.8	22.7	5.0	2.7	1.8
漳州市	漳浦县	77.6	10.9	3.1	6.1	2.3
	诏安县	66.5	18.9	0.3	2.3	12.1
	东山县	79.0	10.4	1.9	2.1	6.6
	龙海市	51.0	15.6	12.1	7.5	13.8
	云霄县	0.0	58.5	4.9	28.7	7.9
宁德市	蕉城区	0.0	0.0	0.0	49.2	50.8
	霞浦县	58.5	23.5	12.6	4.3	1.1
	福鼎市	70.8	21.6	4.8	1.7	1.1
	福安市	0.0	0.0	0.0	0.0	100.0
平潭综合实验区	平潭县	74.7	18.0	4.3	2.8	0.2
福建省		62.8	16.8	10.3	5.3	4.8

（1）海洋环境超载地区（$E_1 \leqslant 80\%$）主要位于江河入海口和海湾地区，包括三沙湾的蕉城区和福安市，罗源湾的罗源县，闽江口的马尾区，兴化湾的福清市和涵江区，湄洲湾的城厢区、仙游县，泉州湾地区的丰泽区、洛江区，厦门湾的思明区、湖里区、集美区、同安区、海沧区、翔安区和龙海市，东山湾的云霄县18个县域。一方面，这些地区的工业、农业、城镇生活污水等陆域污染物经河流向海输入，同时海域也存在港口船舶污染、水产养殖污染、海洋倾废等污染集中区。具体来讲，福建沿海11条主要江河污染入海口和59个主要陆源入海排污口均分布在近岸港湾地区；全省临海重化工业也集中布局在这一地区，并日益形成了厦门湾、湄洲湾、环三都澳、罗源湾、兴化湾和东山湾六大重化工业基地，石化、造船、冶金等行业的污染物排放势必对海洋环境容量和自净能力提出巨大挑战。另一方面，从海洋功能区结构来看，海洋水质超标的县域大部分具有较高比例的农渔业区、海洋保护区、旅游休闲娱乐区等对水质要求较高的功能

区，在临海工业、海水养殖产业、城镇建设快速扩张的胁迫下，海陆之间发展定位的错位导致水质超标。

（2）海洋环境临界超载地区主要分布在福建中部海域，具体包括长乐区、连江县、霞浦县和福鼎市等 8 个县域海域空间。

（3）海洋环境可载地区主要分布在具有广阔近海海域的县域，海水自净功能较强，承载能力较强，具体包括福州地区的连江县，莆田地区的秀屿区，泉州地区的南安市、晋江市、石狮市、惠安县，漳州地区的东山县、漳浦县、诏安县，宁德地区的霞浦县和福鼎市，以及平潭综合实验区。

（4）从污染要素来看，全省砷、镉、铜等重金属含量符合第一类海水水质标准，pH、汞、化学需氧量和铅等含量则均符合第二类海水水质标准，粪大肠菌群和活性磷酸盐是影响福建海水水质的最大污染因素。

（5）从超标水质在各类功能区的分布来看（图 5-9），农渔业区水质超标是导致全省水质下降的重要功能区类型，占全省水质未达标海域总面积的 55%。其次是海洋保护区，其水质未达标面积占全省水质未达标海域总面积的比例为 19%。

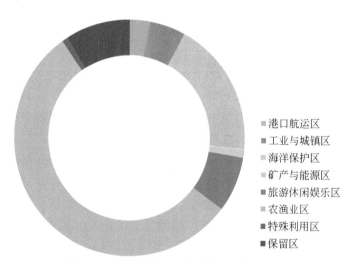

■ 港口航运区
■ 工业与城镇区
■ 海洋保护区
■ 矿产与能源区
■ 旅游休闲娱乐区
■ 农渔业区
■ 特殊利用区
■ 保留区

图 5-9　超标水质在各类功能区的分布比例

（二）海洋生态承载能力评价

12 个县域海洋生态评价结果显示，海洋生态系统整体处于可载状态。从浮游动物变化状况来看，在沿海 12 个监测区域中，仅龙海市出现波动，其他县（市、区）海洋浮游动物变化基本稳定。从大型底栖动物变化状况来看，在沿海 12 个监测区域中，仅福鼎市、霞浦县和东山县 3 个县域大型底栖动物基本稳定，其他县域呈现波动变化。综合浮游动物与大型底栖动物变化状况评价结果（表5-11），12个监测县域中，仅龙海市海洋生态临界超载，其他11个县域海洋生态可载（$E_2 \geqslant 2.5$）。主要原因有以下三个。

一是地区快速工业化、城镇化导致典型海洋生态系统局部遭到破坏。近年来，伴随福建近岸海域大规模的围海造地、修堤建闸、堵湾截流，以及港口工业、港区的建设等海岸工程建设，滩涂湿地面积继续减少。被围垦后水域生态环境遭到不可逆转的毁灭性损害，导致近岸海域生物生息繁衍场所锐减，生态多样性日益降低，生物资源严重衰减。2007～2015年闽东沿岸生态监控区的年度监测结果表明，该区生态环境持续处于亚健康状态，监控区内大量生活污水和工业废水直排入海造成海水中氮、磷含量增加，围填海使滩涂面积减少，本地物种的生存空间逐渐被挤占，海洋生物群落数量和结构发生改变。

二是海洋生物资源开发过度导致生物多样性降低。20世纪90年代以来，伴随海洋渔业开发强度加大，经济鱼类产量减低，渔获质量下降，种间更替频繁。此外，海产养殖业的迅速发展造成近岸海域新污染。由于缺乏科学规划，局部海域养殖密度过大，布局不合理，加上残饵、排泄废物、有机碎屑等富集养殖场基底，底质环境恶化，养殖水体出现富营养化，病害和赤潮灾害日趋频繁，出现各种严重的生态环境问题，对原始海洋浮游动物与大型底栖动物栖息地构成威胁。

三是掠地式海洋旅游开发导致海洋生态系统破碎化、脆弱化。福建海洋旅游资源开发规模日益扩张，但在开发过程中局部地区过度追求眼前经济利益，只开发不保护，或边开发边破坏，在海滨、岛屿上兴建旅游基础设施，大范围乱砍滥伐、乱搭乱建、取石挖沙，旅游餐饮污水直接入海，游船燃油泄漏污染，导致海滨海岛与海洋生态链条断裂，生态格局破碎，生态系统脆弱。

表5-11　海洋生态评价结果

超载类型	县域
可载	福州市：长乐区、连江县； 莆田市：秀屿区； 泉州市：惠安县、晋江市； 漳州市：东山县、漳浦县、诏安县； 宁德市：福鼎市、霞浦县； 平潭综合实验区：平潭县
临界超载	漳州市：龙海市

超载类型	县域
无监测样点区	福州市：马尾区、罗源县、福清市； 厦门市：思明区、湖里区、海沧区、集美区、同安区、翔安区； 莆田市：荔城区、城厢区、涵江区、仙游县； 泉州市：丰泽区、洛江区、泉港区、南安市、石狮市； 漳州市：云霄县； 宁德市：蕉城区、福安市

第三节 海陆资源环境承载力集成评价

一、陆域资源环境超载类型划分

全省海岸带陆域资源环境承载水平整体较高，33 个沿海县（区、市）中无超载类型，临界超载和可载的县（区、市）数量分别为 17 个和 16 个（表 5-12）。与此同时，陆域资源环境承载水平呈现出明显的地区差异：承载水平为可载的县（区、市）则多分布在闽东沿海的福州市、宁德市地区；而承载水平为临界超载的县（区、市）集聚分布在闽东南的厦门市、泉州市等地区，资源环境对人类活动的承载能力接近上限，未来应控制国土开发强度与城市边界，引导产业结构调整、人口集聚布局。

表 5-12 陆域资源环境超载类型划分

超载类型	县域
可载 （16 个）	福州市：马尾区、长乐区、福清市、罗源县、连江县； 厦门市：同安区、翔安区； 莆田市：仙游县； 漳州市：诏安县、漳浦县、云霄县； 宁德市：蕉城区、福安市、福鼎市、霞浦县； 平潭综合实验区：平潭县
临界超载 （17 个）	厦门市：湖里区、思明区、集美区、海沧区； 莆田市：城厢区、涵江区、荔城区、秀屿区； 泉州市：丰泽区、洛江区、泉港区、晋江市、石狮市、南安市、惠安县； 漳州市：龙海市、东山县
超载	无

二、海域资源环境超载类型划分

全省海域资源环境承载力整体呈可载状态，仅局部现近岸海湾地区超载。全省仅城厢区、丰泽区、洛江区、云霄县4个重要海洋生态功能区因海域开发强度较高、海洋生态环境破坏致使海洋资源环境呈现超载状态，4县域海域面积占全省海域总面积的0.4%。16个县域的海域资源环境临界超载，面积占全省海域总面积的15.8%；其中，优化开发用海区与重点开发用海区共计15个，集中分布在厦门湾、兴化湾等海陆资源开发程度较高的近岸湾区。13个县域海域资源环境可载，面积占全省海域总面积的83.8%，均是具有宽广海域空间的县域，海洋自净能力和承载能力较强。（表5-13）。

表5-13　海域资源环境超载类型划分

超载类型	县域
可载 （13个）	福州市：长乐区、福清市、连江县； 莆田市：秀屿区； 泉州市：晋江市、南安市、石狮市、惠安县； 漳州市：诏安县、东山县； 宁德市：霞浦县、福鼎市； 平潭综合实验区：平潭县
临界超载 （16个）	福州市：马尾区、罗源县； 厦门市：湖里区、思明区、集美区、海沧区、同安区、翔安区； 莆田市：涵江区、荔城区、仙游县； 泉州市：泉港区； 漳州市：漳浦县、龙海市； 宁德市：蕉城区、福安市
超载 （4个）	莆田市：城厢区； 泉州市：丰泽区、洛江区； 漳州市：云霄县

三、划分陆域海域超载类型

遵循"集成指标中任意一个超载或两个临界超载，确定为超载类型；任意一个临界超载，确定为临界超载；其余为可载类型"的原则，确定各县级行政区超载类型。结果显示：①海岸带地区资源环境超载区共有12个，主要集中在闽东南沿海地区；②资源环境临界超载的地区共有14个，相对分散地分布在海岸带地区的六个地级市；③可载地区主要集中分布在闽东沿海地区，主要为福州市和宁德市的县（区、市）以及平潭综合实验区（表5-14）。

表 5-14 陆域海域超载类型划分

超载类型	县域
可载	福州市：长乐区、福清市、连江县； 漳州市：诏安县； 宁德市：霞浦县、福鼎市； 平潭综合实验区：平潭县
临界超载	福州市：马尾区、罗源县； 厦门市：同安区、翔安区； 莆田市：秀屿区、仙游县； 泉州市：晋江市、石狮市、南安市、惠安县； 漳州市：东山县、漳浦县； 宁德市：蕉城区、福安市
超载	莆田市：城厢区、涵江区、荔城区； 泉州市：丰泽区、洛江区、泉港区； 漳州市：云霄县、龙海市； 厦门市：湖里区、思明区、集美区、海沧区

下篇：岸线变迁与功能优化

| 第六章 | 技术路线与数据处理

第一节 技术路线与研究方法

选取福建厦漳泉地区海岸线为研究对象，以 2000 年、2010 年、2018 年遥感影像和谷歌高清影像为数据源，建立海岸线分类和解译标志，通过人机交互将海岸线解译为自然岸线和人工岸线两个一级类，自然岸线包括基岩岸线、砂质岸线、淤泥质岸线、生物岸线、河口岸线五个门类，人工岸线包括养殖岸线、盐田岸线、农田岸线、港口码头岸线、建设岸线、围填利用中岸线、防护岸线七种类型，以解译的海岸线矢量数据作为岸线数据集，运用 GIS 分析方法和统计分析方法，综合分析地区海岸线形态时空演变规律和海岸线功能格局演变，并初步探讨其相关驱动机制。

一、海岸线形态格局演变评价方法

（一）海岸线长度变化

海岸线长度随时间变化也会相应发生变化，海岸线长度计算方式如下：

$$L = \sum_{i=1}^{n} L_i \qquad (6\text{-}1)$$

式中，L 为省域海岸线长度；L_i 为不同类型的海岸线长度；i 为岸线类型；n 为海岸线类型数。

同时，为了监测不同时段海岸线长度变化强度，采用各时段内海岸线的年均变化比例进行评价，计算公式如下：

$$\text{LCI}_{pq} = \frac{L_q - L_p}{(q - p)L_p} \times 100\% \qquad (6\text{-}2)$$

式中，LCI_{pq} 为第 p 年至第 q 年海岸线长度变化强度；L_p 和 L_q 为第 p 年和第 q 年海岸线长度。LCI_{pq} 为正表示海岸线增长，LCI_{pq} 为负表示海岸线缩减，其绝对值越大，变迁强度越强。

（二）海岸线曲折度

曲折度可以衡量和反映几何图形在空间走向上的弯曲程度，曲折度系数越大，弯曲程度越高。大多数研究在计算岸线曲折度时将其义为岸线起点到终点的折线距离与直线距离的比值，该方法虽简便易操作，但对于漫长曲折、形态复杂的海岸线而言，不能真实反映岸线内部的弯曲程度。为了更大程度地反映曲线内部差异，基于道格拉斯–普克算法将海岸线数据进行简化处理，再以真实海岸线长度与简化后海岸线长度的比值计算海岸线的弯曲程度，计算公式如下：

$$C = \frac{L_r}{L_s} \tag{6-3}$$

式中，C 为岸线曲折度；L_r 为真实岸线轮廓长度；L_s 为简化后岸线的长度。C 值越大，曲折度越高。

（三）海岸线分形

1967 年，Mandelbrot 系统阐述了关于海岸线长度不确定性的问题，标志着分形概念的问世，分维数成为定量刻画自然界不规则事物的参数。常见的分维数计算方法有网格法和量规法，而同一海岸线使用量规法计算所得的分维数值大于使用网格法计算的数值，两种方法的计算结果不具有可比性。

本研究对岸线分维数的计算包括两个方面：①基于网格法的海岸线分维数计算；②基于 DEM 的海岸线分形尺度效应研究。

（1）基于网格法的海岸线分维数计算。网格法的工作原理是以边长为 r 的正方形网格覆盖测算岸线，随着边长 r 的变化，用 r 覆盖整条海岸线所需要的正方形网格数 N（r）也必然发生变化。根据分形理论，二者存在如下数量关系：

$$N(r) \propto r^{-D} \tag{6-4}$$

式中，r 为正方形网格的边长；N（r）为用 r 覆盖整条海岸线所需要的正方形网格数。式（6-4）两边同时取对数可得

$$\ln N(r) = -D\ln r + A \tag{6-5}$$

式中，A 为待定常数；D 为测算岸线的分维数。分维数 D 的值域为（1，2），D 值越大，海岸线越曲折和复杂。考虑本研究使用的 Landsat 数据的空间分辨率为 30m，因此规定最小标尺长度为 30m，网格长度依次取为 30 的整数倍（30m、60m、90m、120m、150m、180m、210m、240m）进行拟合测算。

（2）基于 DEM 的海岸线分形尺度效应研究。Mandelbrot 的求解模型如下：

$$L_r = M \times r^{1-D} \tag{6-6}$$

式中，L_r 为在标尺长度为 r 时所测长度；M 为待定常数；D 为分维数。对式（6-6）两边取对数可得：

$$\ln L_r = (1 - D)\ln r + C \tag{6-7}$$

式中，C 为常数；D 为分维数，$D = 1-k$；k 为公式斜率。

在地形图数字化编绘过程中，常以分辨率 $0.3 \sim 0.5\,mm$ 为地图单位，根据地图尺度转换模型，测算不同比例尺对应标尺长度下的海岸线长度。

$$r = 0.3 \times \frac{Q}{1000} \tag{6-8}$$

式中，Q 为比例尺分母。

（四）海岸线变迁速率

海岸线变迁速率是海岸工程学家和地质学家分析海岸变化过程和预测未来海岸变化趋势常用的方法。虽然近年来海岸变化数值模拟技术被广泛用于海岸研究中，但对历史岸线变迁速率的分析仍被认为是反映海岸变化过程的更有效也更可靠的研究手段。常用的计算岸线变迁速率的方法包括：基线法、面积法、动态分割法、多重缓冲区覆盖法。本书选择面积法来定量描述海岸线的变迁速率。

海岸线空间位置变化导致的海岸陆地面积的变化即海岸线变化面积。海岸线向海推进，陆地面积增加；海岸线向陆移动，陆地面积减少。陆地面积的变化反映岸线的变化方向及变化幅度，岸线变迁导致陆地增减的面积差为陆地净增面积，海岸陆地增加面积与减少面积之差就是净增加的面积。如果某个区域净增面积为正值，说明该区域海岸线整体向海推进，反之说明海岸线发生侵蚀后退。

使用面积法进行海岸线变迁速率计算的具体算法原理如图 6-1 所示：黑色曲线表示较早年份 T_1 时刻的海岸线（即历史海岸线）位置，红色曲线表示较晚年份 T_2 时刻的海岸线（即现状海岸线）位置，陆域位于海岸线左侧，将多时相海岸线叠加之后，生成岸线摆动的多边形区域，并依次确定多边形属性（面积增加或减少），

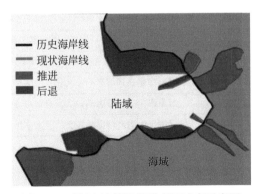

图 6-1　面积法计算海岸线变迁速率示意图

资料来源：作者根据《海岸带遥感评估》改绘

若现状海岸线位于历史海岸线的左侧，说明海岸线向陆域方向后退；若现状海岸线位于历史海岸线的右侧，则说明海岸线向海域方向推进。因此，海岸线的变迁速率可以根据增加的陆域面积 S_{Ai} 或减少的陆域面积 S_{Bi} 与岸线长度变化的比值计算，比值大于 0 表示岸线向海域方向推进，比值小于 0 表示岸线向陆域方向后退。

二、海岸线功能格局演变评价方法

（一）海岸线人工化强度

不同类型的海岸线开发利用方式对海岸带资源环境的影响程度并不相同，因此利用岸线人工化强度指数来定量描述不同类型海岸线对海岸带资源环境的影响度，计算公式如下：

$$P = \frac{\sum_{i=1}^{n} L_i \times Q_i}{L} \tag{6-9}$$

式中，P 为岸线人工化强度指数；L 为研究区内岸线总长度；L_i 为研究区内第 i 类岸线类型的长度；n 为岸线类型数量；Q_i 为第 i 类岸线的资源环境影响强度（$0 < Q_i \leqslant 1$），不同岸线的资源环境影响强度存在差异，因此根据前人研究和研究需求，总结各类岸线的 Q_i 取值，见表6-1。

表 6-1 各类岸线的资源环境影响强度

分类		岸线资源环境影响描述	Q_i
自然岸线		自然发育状态，对海岸生态影响微小	0.1
人工岸线	养殖岸线	对海岸生态功能影响较大，且部分影响不可恢复	0.4
	盐田岸线	对海岸生态功能影响较大，且部分影响不可恢复	0.4
	农田岸线	对海岸生态功能有一定影响，且部分影响不可恢复	0.3
	港口码头岸线	破坏海岸生态环境，且影响不可恢复	1.0
	建设岸线	对海岸生态环境影响较大，且大多影响不可恢复	0.8
	防护岸线	对海岸生态环境影响较大，且部分影响不可恢复	0.6
	围填利用中岸线	对海岸生态环境影响较大，且大多影响不可恢复	0.8

（二）海岸线功能多样性

参考土地利用类型多样性指数模型，构建岸线功能多样性指数，并进行研究区岸线功能多样性分析，计算公式如下：

$$D = 1 - \frac{\sum_{i}^{n} L_i^2}{\left(\sum_{i}^{n} L_i\right)^2} \qquad (6\text{-}10)$$

式中，D 为岸线功能多样性指数；n 为岸线类型数；L_i 为第 i 类功能岸线的长度。D 值越接近 0，研究区内岸线功能类型越单一，多样性越低；D 值越接近 1，研究区内岸线功能类型越复杂，各类功能的岸线分配越均匀，多样性越高。当研究区内岸线功能类型较少时，岸线功能多样性较低；当研究区内岸线功能类型结构倾向性较明显，即某一类岸线占比明显大于其他类型时，岸线功能多样性也较低。

（三）岸线功能主体度

岸线功能主体度（S_i）能够反映研究区内岸线的功能类型和不同功能岸线的结构特征及其相对重要程度，因此借鉴生态学中生物群落的划分方法，构建岸线功能主体度判定准则（表 6-2）：当研究区内某功能海岸线长度占比大于 0.45 时，判定该区域海岸线为单一主体结构；当研究区内每类功能海岸线长度占比都小于 0.45，但有两种或两种以上的海岸线长度占比大于 0.2 时，该区域海岸线为这两种或两种以上海岸线类型组成的二元、三元主体结构；当研究区内每类海岸线长度占比都小于 0.4，并且只有一类海岸线长度占比大于 0.2 时，该区域海岸线为多元主体结构；当研究区所有海岸线类型长度占比都小于 0.2 时，该区域海岸线为无主体结构。

表 6-2　岸线功能主体度判定准则

岸线功能主体度类型	判定准则
单一主体结构	某类海岸线 $S_i > 0.45$
二元、三元主体结构	每类海岸线 $S_i < 0.45$，但存在两类或两类以上海岸线 $S_i > 0.2$
多元主体结构	每类海岸线 $S_i < 0.4$，且只有一类海岸线 $S_i > 0.2$
无主体结构	每类海岸线 $S_i < 0.2$

（四）海岸线功能构成变化

土地利用类型转移矩阵可以定量描述系统状态之间的转移变化，全面刻画用地类型的结构变化，反映一段时期内土地利用类型的变化方向，因此通过土地利用类型转移矩阵可以很好地描述一个亚稳定系统从 T 时刻状态向 $T+1$ 时刻状态转化的过程，从而进一步揭示系统内部状态格局的时空演化过程。这里借用土地利用类型的概念模型，根据不同时期海岸线空间关系，构建转移矩阵，以分析海岸线功能数量和转移方向的变动情况。

第二节　数据源及数据处理

一、数据源

（一）遥感影像数据

本研究以 2000 年、2010 年、2018 年福建海岸线为研究对象，收集覆盖研究区域这三个时期的 Landsat TM、ETM+、OLI 遥感影像数据，涉及影像条带号为 119-43、120-43、120-44，影像以单一年份无云或少云为选择原则，并尽可能选取高潮位影像，共选取遥感影像 18 幅。选取的影像数据空间分辨率均为 30m，波谱信息丰富，定位和判读海岸线具有较高的准确性。本研究采用的 Landsat 系列影像数据均可在美国地质调查局和地理空间数据云网站免费下载，影像及其参数特征（卫星传感器、空间分辨率、条带号和成像日期等）见表 6-3。由于所选研究区纬度较低，如果出现遮障云量过大影响海岸线判读的情况，则以相近年份的遥感影像做替代，以提高人机交互解译结果的精度质量。

表 6-3　遥感影像及其参数特征

序号	年份	卫星	卫星传感器	条带号	空间分辨率/m	成像日期/年月日
1		Landsat 5	TM	119-43	30	20000325
2	2000	Landsat 5	TM	120-43	30	20000417
3		Landsat 5	TM	120-44	30	20000604
4		Landsat 7	ETM+	119-43	30	20100804
5	2010	Landsat 7	ETM+	120-43	30	20100115
6		Landsat 7	ETM+	120-44	30	20101217
7		Landsat 8	OLI	119-43	30	20181005
8	2018	Landsat 8	OLI	120-43	30	20181028
9		Landsat 8	OLI	120-44	30	20180113

（二）辅助数据

本研究以谷歌地球影像、基础地理底图数据、"908 专项" 数据、SRTM

DEM 高程数据等作为辅助参考数据，用于结果校验和目视判别，如对港口码头等遥感影像反映不明显的地物特征进行细节修正。

二、数据处理

（一）遥感影像预处理

海岸线解译精度与遥感影像的质量息息相关，而传感器在获取地表空间信息的过程中，存在大气、卫星、天气状况、时间空间及人为因素的干扰和限制，致使获取的影像质量不均，影响图像分析的精度。为了快速准确地获取海岸线信息，需要对原始影像进行统一标准化预处理，在一定程度上纠正误差，提高成像质量。预处理主要包括几何校正、条带修复、图像增强、拼接裁剪等。

（1）几何校正。遥感成像时受飞行器的姿态、高度、速度以及地球自转等因素的影响，图像相对于地面目标发生几何畸变，这种畸变表现为像元相对于地面目标的实际位置发生挤压、扭曲、拉伸和偏移等，几何校正就是要针对几何畸变进行误差校正。本研究使用的遥感影像产品均已经过辐射校正、几何校正与地形纠正，经对比分析 2000 年、2010 年、2018 年 Landsat 遥感影像空间定位误差小于 1 个像元，可以满足时序海岸线提取的要求。

（2）条带修复。由于 Landsat 7 ETM+机载扫描行校正器（SLC）故障，2003 年 5 月 31 日后获取的影像出现数据条带丢失，严重影响了 Landsat 遥感影像的使用，此后 Landsat 7 ETM（SLC-ON）是指 2003 年 5 月 31 日 SLC 故障之前的数据产品，Landsat 7 ETM（SLC-OFF）则是指故障之后的数据产品。故障之后的数据产品约有 25% 的数据丢失，但仍有 70% 以上的数据完好，保持了良好的几何特性和辐射特性，在 SLC 异常造成的影响较小或者在容忍的范围内，SLC-OFF 图像数据仍具有较高的可用性，通过选择适当的图像处理方法进行数据修复，仍然可以将 SLC 异常数据成功地运用到很多科学应用领域，学者们针对如何修复 SLC 故障造成的数据坏行这一国际遥感的热点问题进行了诸多实验研究，提出了不同的数据修复方案。本书利用 Landsat_ gapfill. sav 补丁在 ENVI 平台对遥感影像进行修复处理，采用插值法将数据插值到对应的坏道位置。

（3）图像增强。图像增强处理主要包括波段叠加和影像拉伸，由于应用分波段量测地物的辐射波谱能量，影像的可分辨性大大增加。但人眼对亮度缺乏绝对值的概念，不能很好地根据每个波段的亮度值特征识别地物，多波段影像组合正是根据一定的规则将不同波段的影像组合在一张图上，这样既综合了多个波段的特性，同时又扩展了肉眼观察的动态范围，使影像上不同类别、形态的地物获得良好的视觉效果。海岸线的提取依赖对影像的目视解译，利用 ENVI- Layer stacking 可将 Landsat TM 和 OLI 的单波段数据叠加，提升岸线判读的效率和准确度，并在 ArcGIS 平台以标准假彩色进行组合展现。

（4）拼接裁剪。由于研究区范围较大，所用遥感影像较多，因此对研究区范围内影像进行拼接和裁剪，这样可以有效提升数据处理效率，也便于数据存储。

（二）海岸线提取

为了保证不同时期海岸线未发生改变的部分保持一致，确保多时序岸线的提取精度，先将遥感影像在 ArcGIS 中以最优波段组合，根据建立的海岸线分类体系和解译标志进行海岸线解译提取的工作，结合遥感影像和谷歌高清地图，首先对 2018 年海岸线进行目视解译和数字化；然后以 2018 年海岸线作为本底数据，叠加其余时相的遥感影像，对其他年份（2010 年、2000 年）海岸线变化部位做位置、属性表等信息的动态更新，这可以有效避免不同期影像提取海岸线时产生的双眼皮现象，减小提取误差；最后对解译好的海岸线进行拓扑检查和拓扑错误修正。研究所用海岸线数据集均投影至 Albers 投影坐标系。

（三）海岸线分类体系及解译标志

学者们对海岸线分类体系的认识较为多样化，本书基于对前人研究的梳理及研究区特点，根据研究目的及数据解译能力条件，建立海岸线功能类型的分类体系，设置海岸线一级功能分类，包括自然岸线、人工岸线两大类，其中自然岸线下设基岩岸线、淤泥质岸线、砂质岸线、生物岸线、河口岸线 5 个二级分类；人工岸线根据具体功能用途下设养殖岸线、盐田岸线、农田岸线、港口码头岸线、建设岸线、围填利用中岸线、防护岸线 7 个二级分类，基本涵盖海岸线的不同利用功能类型。

不同类别岸线在标准假彩色影像上表现出不同的纹理和颜色特征，据此建立海岸线解译标志集（表 6-4）。①基岩岸线：以海岬角及直立陡崖与海水的结合处为界定，在影像上基岩岸线与海水交界明显，岩石构造特征明显，多锯齿，纹理粗糙。②砂质岸线：以干湿沙滩明显分界处作为解译标志。③淤泥质岸线：以海岸向陆一侧耐盐植物生长茂盛与稀疏程度明显差异的界线为标志，且裸露潮滩上多有树枝状或蛇曲状潮沟发育。④河口岸线界定遵循以下原则：无争议的河海分界线继续沿用；有争议的河海分界线以最接近河口的防潮闸或道路桥梁为河海分界线，或以河口突然展宽处的两突出点连线为河海分界线。⑤生物岸线：其影像表现为红色，潮沟明显，一般分布在淤泥质潮滩上部，红树林的上边线确定为生物岸线。⑥养殖岸线：养殖区布局较为规则，由矩形围塘组成，呈条带状分布，围塘堤坝外边缘确定为养殖岸线。⑦盐田岸线：盐田依滨海区而建，形状较养殖池更规则，以小型方块状盐池连续大面积分布，盐池外边界确定为盐田岸线。⑧农田岸线：农田岸线向陆一侧为农作物种植用地，作物生长期影像表现为暗红色，有条带状纹理特征，农田围堤边界确定为农田岸线。⑨港口码头岸线：港口码头为平直的水泥构筑物，影像颜色亮度较高，港口码头等建筑的外边界确定为港口岸线。⑩建设岸线：建设岸线的陆域范围有规模分布的工业建筑区、城镇住宅区，或有明显的线状道路建设用地，建设用地在遥感影像上呈现白色或灰白色色调，人工建筑物的外边缘确定为建设岸线。⑪防护岸线：海岸防护工程以防波堤、丁坝、突堤等硬式护岸为主，多为人工修筑，影像呈现亮度较高的带状特征，护岸建筑外缘确定为防护岸线。⑫围填利用中岸线：分为两类。一类是正在填充的区域，此类围填海区域内沙土和海水同时存在；另一类是围填完成的区域，此类区域完全呈现陆域特征，有硬化地面，但其地物特征不明显，或覆盖稀疏草本植被，或直接为硬化裸地，不能判别具体功能用途，因此这部分岸线归类为围填利用中岸线。

表6-4 海岸线解译标志集

岸线一级类	岸线二级类	影像解译标志示例
自然岸线	基岩岸线	
	淤泥质岸线	

岸线一级类	岸线二级类	影像解译标志示例
自然岸线	砂质岸线	
	生物岸线	
	河口岸线	

续表

岸线一级类	岸线二级类	影像解译标志示例
人工岸线	养殖岸线	
	盐田岸线	
	农田岸线	

岸线一级类	岸线二级类	影像解译标志示例
人工岸线	港口码头岸线	
	建设岸线	
	防护岸线	

岸线一级类	岸线二级类	影像解译标志示例
人工岸线	围填利用中岸线	

第七章 厦漳泉地区海岸线时空演变与优化

第一节 海岸线形态变迁

一、海岸线长度变化

根据海岸线解译标志，提取 2000 年、2010 年、2018 年福建厦漳泉地区海岸线（表 7-1 和图 7-1）。结果显示，2000～2018 年，海岸线总长度不断增加，2000 年、2010 年、2018 年海岸线总长度分别为 1660.79km、1734.80km、1801.65km，不论在变化时段还是整个研究期内，其海岸线长度均保持增长趋势，2000～2010 年、2010～2018 年两个变化时段内分别增加了 74.01km、66.85km，整个研究期共计增长了 140.86km，增长较为明显，且 2010～2018 年岸线长度的年均增长速率要高于 2000～2010 年。根据长度变化强度计算，厦漳泉地区海岸线长度变化强度均保持在 0.4 以上，说明海岸线的长度呈现持续增长的状态，且 2010～2018 年海岸线长度变化强度高于 2000～2010 年的岸线长度变化强度，也高于 2000～2018 年的变化强度，可见 2010～2018 年厦漳泉地区海岸线受到较为剧烈的影响，岸线长度快速增长。

表 7-1 2000～2018 年厦漳泉海岸线长度变迁

地区	总长度/km			变化强度/%		
	2000 年	2010 年	2018 年	2000～2010 年	2010～2018 年	2000～2018 年
泉州市	602.48	615.17	633.71	0.21	0.38	0.29
厦门市	236.70	262.52	278.24	1.09	0.75	0.97
漳州市	821.61	857.11	889.70	0.43	0.48	0.46
厦漳泉	1660.79	1734.80	1801.65	0.45	0.48	0.47

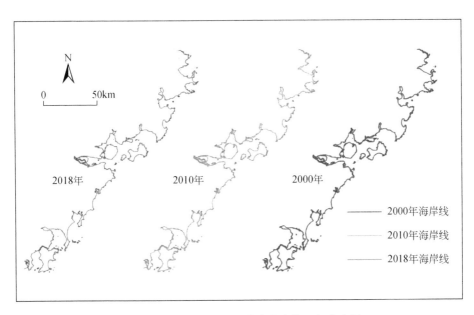

图 7-1　2000～2018 年厦漳泉海岸线空间分布图

　　2000～2018 年，市域岸线长度均持续增长，其长度变化呈现漳州市>厦门市>泉州的特点，岸线长度变化强度则表现为厦门市>漳州市>泉州市。2000～2010 年，漳州市岸线长度增长量最大，增长了 35.50km，其次为厦门市，增长量为 25.82km，而泉州市增长了 12.69km，涨幅最小；2010～2018 年，漳州市依然为岸线长度增长最多的市域，共增长了 32.59km，而泉州市以 18.54km 的增长量位列第二，厦门市增长最小，增长了 15.72km。但就岸线长度的变化强度而言，厦门市社会经济快速发展，人地矛盾日益突出，人类活动剧烈，影响岸线长度的变化，因此其岸线长度变化强度在 2000～2010 年、2010～2018 年均最高。

　　受人类开发利用活动的影响，海岸线长度变化的同时，自然岸线与人为岸线所占比例也必然会发生变化。2000～2018 年各地市自然岸线保有率呈现显著变化，如表 7-2 所示。2000～2018 年，由于自然环境变动和人类对海岸线开发利用程度加大的综合影响，自然岸线减少了 177.90km，人工岸线增加了 318.76km，2000～2018 年自然岸线保有率经历了 43%—34%—30% 的变化，呈现逐年下降态势，其中泉州市自然岸线保有率最高，厦门市的人工岸线占绝对主导地位，漳州市自然岸线保有率与整个区域自然岸线保有率的变动接近。

表 7-2 2000~2018 年厦漳泉自然岸线保有率   （单位：%）

地区	2000 年		2010 年		2018 年	
	自然岸线	人工岸线	自然岸线	人工岸线	自然岸线	人工岸线
泉州市	57	43	48	52	44	56
厦门市	8	92	7	93	6	94
漳州市	43	57	33	67	27	73
厦漳泉	43	57	34	66	30	70

二、岸线曲折度变化

曲折是海岸线的基本属性，根据第六章式（6-3）计算分析，厦漳泉地区岸线曲折度如表 7-3 所示。

表 7-3 厦漳泉海岸线曲折度

行政单元		2000 年		2010 年		2018 年	
		简化线	曲折度	简化线	曲折度	简化线	曲折度
泉州市	泉港区	43.23	1.42	44.82	1.50	47.75	1.52
	丰泽区	16.78	1.32	15.88	1.26	13.43	1.50
	洛江区	3.07	1.18	2.94	1.16	2.94	1.16
	惠安县	143.19	1.35	134.06	1.38	134.12	1.43
	晋江市	76.55	1.25	73.72	1.35	73.20	1.37
	石狮市	44.12	1.45	46.06	1.58	46.36	1.64
	南安市	18.17	1.46	17.86	1.52	17.74	1.68
	金门县	99.15	1.37	101.25	1.38	100.57	1.39
	小计	444.26	1.36	436.59	1.41	436.11	1.45
厦门市	思明区	25.52	1.24	25.60	1.29	25.60	1.32
	湖里区	21.44	1.53	22.36	1.75	21.20	1.84
	海沧区	35.55	1.39	37.19	1.50	35.99	1.47
	集美区	16.50	1.45	16.50	1.60	15.46	1.58
	同安区	14.07	1.26	17.09	1.37	17.02	1.34
	翔安区	55.74	1.46	55.47	1.53	54.69	1.93
	小计	168.82	1.40	174.21	1.51	169.96	1.64

续表

行政单元		2000 年		2010 年		2018 年	
		简化线	曲折度	简化线	曲折度	简化线	曲折度
漳州市	龙海市	176.21	1.28	173.21	1.35	174.31	1.37
	漳浦县	192.05	1.48	186.31	1.58	185.24	1.69
	云霄县	51.39	1.25	51.42	1.27	52.73	1.32
	诏安县	65.86	1.37	62.72	1.54	63.13	1.57
	东山县	110.72	1.41	113.75	1.46	112.98	1.50
	小计	596.23	1.38	587.41	1.46	588.39	1.51
厦漳泉		1209.31	1.37	1198.21	1.45	1194.46	1.51

通过分析计算，从区域整体来看，厦漳泉地区海岸线曲折度呈现逐年增长态势，从 1.37 增长到 1.51，曲折程度在 2000～2018 年增加了 0.14，其中泉州市岸线曲折度的增长变化为 1.36—1.41—1.45，曲折度以每年 0.005 的速度增长；厦门市岸线曲折度增长变化为 1.40—1.51—1.64，每年增加曲折度 0.013；漳州市岸线曲折度增长变化为 1.38—1.46—1.51，曲折度以每年 0.007 的速度增长，三市整体变化程度呈现厦门市>漳州市>泉州市。

区县内岸线曲折程度存在差异，按其变化趋势可分为增长趋势、下降趋势和波动趋势，并且增长趋势占较大比例。呈增长趋势的区县包括：泉港区、惠安县、晋江市、石狮市、南安市、金门县、思明区、湖里区、翔安区、龙海市、漳浦县、云霄县、诏安县、东山县，共 14 个区县，其中 2000～2010 年湖里区增幅最高，而翔安区在 2010～2018 年增幅最高，并且其在 2000～2018 年的增幅也最明显。呈下降趋势的区县为洛江区，其曲折度在 2000～2010 年下降了 0.02。呈波动趋势的区县为丰泽区、集美区、海沧区、同安区，丰泽区以先减后增为波动特征，且增幅大于减幅，成为波动特征最明显的区县，其他三个区县则呈现先增后减趋势。

海岸线的自然基质特征塑造了岸线形态的基本格局，人类对海域的开发利用进一步使岸线曲折程度发生变化，且人为改变速度远大于自然力量的塑造，因此自然岸线占比较高的泉州表现出最小的曲折度变化程度，其中丰泽区之所以呈现先减后增的波动趋势，是因为大规模的填海造陆活动于 2005 起步，于 2010 年基本完成，期间海岸线趋于平滑，曲折度降低，而 2010～2018 年海岸线长度增加，围填海进程变缓，从而造成曲折度上升。而厦门、漳州有不同程度的围填海活动及人工岸线扩张活动，尤其是厦门，其人工岸线占 90% 以上的比例，随着人类开发利用程度的加大，其岸线曲折度也表现出最大的增长趋势，如较为剧烈的翔安区大嶝岛的围填扩张、湖里区的港口码头建设，使岸线向海洋伸入较长的距离，增加了岸线曲折程度。由此可见，人类对海岸线的开发利用成为岸线曲折度变化的主要影响因素。

三、海岸线分维数特征分析

（一）网格法求分维数

分维数是海岸线复杂性的外在表现，是很好的海岸线定量描述参数，有利于揭示海岸线形态的自相似性。依据网格法计算海岸线分维数，得到厦漳泉地区及各市县的分维数特征，具体数据见表7-4。分维数是衡量海岸线开发利用的量化指标，通过计算分析，2000年厦漳泉岸线分维数为1.0501，到2018年，分维数为1.0599，整体呈现增长趋势，表明厦漳泉地区对海岸线的开发强度是不断加大的，整体岸线利用的复杂程度也不断加剧。此外，2000～2018年，整体岸线的分维系数与岸线长度显著正相关，相关系数达0.9958，这也表明在单位时间内人类对海域的开发利用使岸线长度发生变化，进而导致岸线分维数的变动。

在市域视角下，分维数呈现以下变化特征：2000年泉州市、厦门市、漳州市岸线分维数都较小，且2000年和2010年泉州市岸线分维数均高于厦门市和漳州市，而2010年之后厦门市分维数增长较快，到2018年岸线分维数最高。2000～2018年，泉州市和厦门市的岸线分维数均高于整体岸线分维数，而漳州市岸线分维数一直低于整体岸线分维数。市域尺度下，岸线分维数仍与岸线长度呈正相关关系，泉州市、厦门市、漳州市岸线分维数与岸线长度的相关系数分别为0.9184、0.9571、0.9879，随着市域岸线逐年增加，其岸线分维数呈现递增趋势。

在区县视角下，2000～2018年近53%的区县的岸线分维数逐年增长，包括龙海市、东山县、诏安县、翔安区、海沧区、惠安县、金门县、晋江市、泉港区、南安市共10个区县。云霄县、集美区、石狮市岸线分维数呈现先增后减的趋势，漳浦县、同安区、思明区、丰泽区呈现先减后增的趋势，而湖里区和洛江区表现出逐年减少的特征。小尺度下，由于不同区县的岸线利用方式和利用程度不同，岸线长度和形态变化的复杂程度有所放大，因此区县内岸线分维数呈现多样化变动。例如，漳浦县2000～2010年由于部分养殖岸线在原有围塘基础上向外扩展养殖面积，其岸线长度增加，同时岸线平直程度也有所提高，从而表现出分维数从1.0506向1.0385减少，2010～2018年，漳浦县建设临海工业园区，大型突堤式海岸工程向海洋扩展，增加了岸线的长度和曲折度，同时旧镇湾养殖面积向海扩张，岛屿面积并入围塘范围，共同导致后期岸线分维数从1.0385迅速增长到1.0594。可见大型港口建设、工业和城镇建设及围填海造陆等人为因素显著影响岸线分维数的变化。

表7-4　厦漳泉海岸线分维数变化

行政单元		2000 年	2010 年	2018 年
漳州市	漳浦县	1.0506	1.0385	1.0594
	云霄县	1.0319	1.0543	1.0417
	龙海市	1.0194	1.0505	1.0517
	东山县	1.0509	1.0602	1.0637
	洛江区	1.0293	1.0493	1.0574
	小计	1.0463	1.0526	1.0565
厦门市	翔安区	1.0592	1.0666	1.0812
	同安区	1.0588	1.0559	1.0650
	思明区	1.0455	1.0389	1.0393
	集美区	1.0520	1.0660	1.0607
	湖里区	1.0521	1.0454	1.0427
	海沧区	1.0489	1.0602	1.0654
	小计	1.0518	1.0573	1.0643
泉州市	惠安县	1.0469	1.0544	1.0575
	金门县	1.0345	1.0628	1.0636
	晋江市	1.0564	1.0565	1.0577
	石狮市	1.0742	1.0909	1.0883
	泉港区	1.0510	1.0554	1.0651
	丰泽区	1.0292	1.0236	1.0253
	南安市	1.0439	1.0551	1.0740
	洛江区	1.0293	1.0285	1.0283
	小计	1.0537	1.0597	1.0628
厦漳泉		1.0501	1.0558	1.0599

注：表中"小计"非均值，厦漳泉、各地市、区县等需要单独计算

（二）分形尺度效应

在地质地貌学定义中，0m 等深线是指海水深度基准面，0m 等高线是指平均

海水面，海岸线是指多年大潮高潮位时海陆分界线，只有在无滩陡岸地带，海岸线、0m 等高线和 0m 等深线才是重合的。但在遥感影像或现场勘测时，大潮高潮位并不直接可见，在中小比例尺制图时，海岸线与 0m 等高线重合。因此，将 0m 等高线作为指示岸线进行岸线分形尺度效应研究。

通过拟合标尺长度 r 与海岸线长度 L（表 7-5）发现，海岸线长度与标尺长度之间存在分形求解模型，且呈现较高的相关性，海岸线长度与标尺长度成反比关系，随着标尺长度的增加，海岸线长度不断减小，并且减小趋势越来越缓和，如图 7-2 所示。这表明比例尺越大，地图刻画越细致，标尺长度越小，海岸线测算长度越长。经模型测算福建海岸线分维数为 1.3451，岸线长度的测算存在尺度效应，不同技术规范或规定尺度下的测算结果并不统一，因此在海岸线的管理研究工作中应当重视尺度效应的存在。

表 7-5 标尺长度下测得海岸线长度对照

标尺长度 r/m	比例尺分母 Q	岸线长度 L/km	标尺长度 r/m	比例尺分母 Q	岸线长度 L/km
30	100 000	3 908.66	1500	5 000 000	1 557.48
60	200 000	3 478.29	1800	6 000 000	1 423.12
75	250 000	3 319.58	3000	10 000 000	1 187.75
150	500 000	2 886.38	4500	15 000 000	1 025.50
300	1 000 000	2 456.12	6000	20 000 000	804.29
600	2 000 000	2 044.69	7500	25 000 000	718.79
900	3 000 000	1 762.55	9000	30 000 000	540.00
1200	4 000 000	1 735.41	15000	50 000 000	375.00

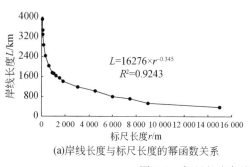

(a)岸线长度与标尺长度的幂函数关系

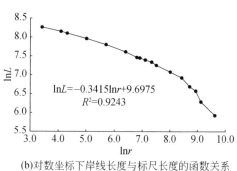

(b)对数坐标下岸线长度与标尺长度的函数关系

图 7-2 标尺长度与海岸线长度函数关系

四、海岸线变迁速率分析

将 2000 年、2010 年、2018 年海岸线数据进行叠加分析，从海岸线的变化情况得到各变化时期内海岸线进退引起的陆域变化面积，其空间分布和变迁速率见图 7-3 和表 7-6。

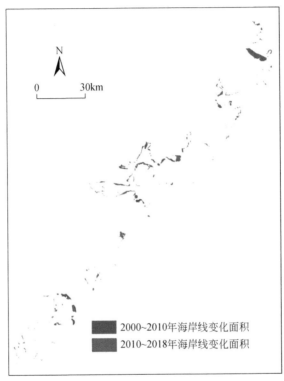

图 7-3　厦漳泉海岸线时空变化面积

表 7-6　厦漳泉海岸线变迁速率　　　　　（单位：km²/a）

海岸线变化	2000~2010 年		2010~2018 年	
	大陆岸线	海岛岸线	大陆岸线	海岛岸线
向海推进	8.73	1.46	4.03	1.96
向陆蚀退	0.34	0.10	0.21	0.01
整体变迁	8.55			

2000~2018 年，厦漳泉海岸线变迁速率在时间上具有明显的差异，2000~2018 年厦漳泉海岸线变化面积共计 153.92km²，其中岸线向海推进总面积占

90%以上，整体变迁速率为 8.55km²/a。2000～2010 年，整体变迁速率为 10.63km²/a，其中大陆岸线以 8.73km²/a 的变迁速率向海推进，以 0.34km²/a 的变迁速率向陆蚀退，海岛岸线以 1.46km²/a 的变迁速率向海推进，以 0.10km²/a 的变迁速率向陆蚀退；2010～2018 年，整体变迁速率为 6.21km²/a，大陆岸线以 4.03km²/a 的变迁速率向海推进，以 0.21km²/a 的变迁速率向陆蚀退，海岛岸线以 1.96km²/a 的变迁速率向海推进，以 0.01km²/a 的变迁速率向陆蚀退。由此可见，厦漳泉海岸线整体变迁速率先快后缓，究其原因，2000～2010 年是我国经济发展非常重要的 10 年，2010 年我国发展成为世界第二大经济体，因此在该时期内，全国沿海地区都呈现海岸开发规模扩大、速度加快和开发多元化的整体特征。同时结果也反映出如下变化特点：①大陆岸线的推进变迁速率趋于缓和；②海岛岸线的推进变迁速率愈演愈烈；③大陆岸线、海岛岸线的蚀退变迁速率逐年降低。

2000～2018 年，厦漳泉不同区域海岸线均有不同程度的陆域面积增加，以海岸线向海推进为主要趋势，并且变迁速率有较为明显的区域差异性，2000～2010 年海岸线变迁以厦门湾、湄洲湾、泉州湾地区为热点区域，而 2010～2018 年变化的区域主要集中在厦门湾、东山湾地区。

第二节 海岸线功能格局演变分析

伴随福建沿海地区持续开发，人工化岸线不断扩张，在这一过程中，人工岸线侵占自然岸线是人工岸线扩张的一种表现形式。具体而言，2000～2018 年，福建人工岸线由 2397.47km 增长到 3249.99km，与此同时自然岸线的长度从 2865.18km 下降到 2378.26 km。如图 7-4 所示，从沿海城市的岸线人工化进程来看，福州市、厦门市、泉州市等 6 个沿海城市均发生人工岸线比例不断增加、自然岸线比例不断减少的岸线结构变化，并且伴随人工岸线挤占自然岸线的进程，海岸线的人工化强度不断加强。人工岸线对外扩张的另一种表现形式是向海域推进。

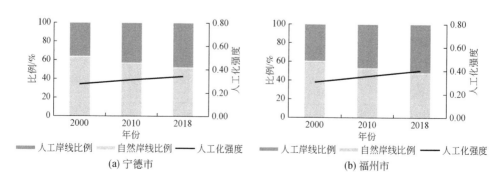

(a) 宁德市　　　　　　　　　　　(b) 福州市

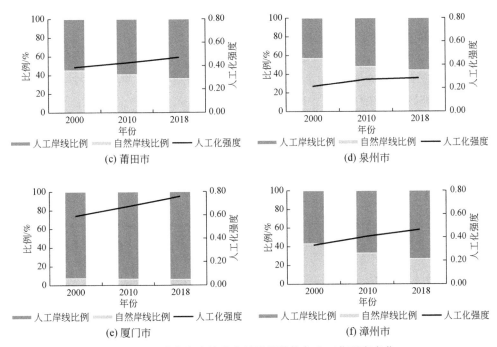

图 7-4　福建省海岸线分市域岸线结构与人工化强度变化

从静态的时间截面看，如图 7-5 所示，2000～2018 年，全省围填利用岸线长度从 48.6km 增长至 337.9km，增加了近 6 倍；同时在岸线总长度不断增加的背景下，围填利用岸线以更快的增长速度从不足 1% 的比例提升到 6%，也从侧面反映了人工岸线向海推进的总体发展方向。

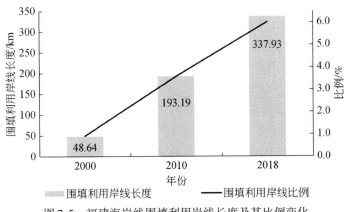

图 7-5　福建海岸线围填利用岸线长度及其比例变化

下文就厦漳泉海岸线功能类型特征变化开展深入研究。

一、海岸线功能类型分布特征

根据近海陆域人类活动类型的差异，定义海岸线的功能类型，2000～2018年厦漳泉地区海岸线功能类型的空间分布如图7-6所示。

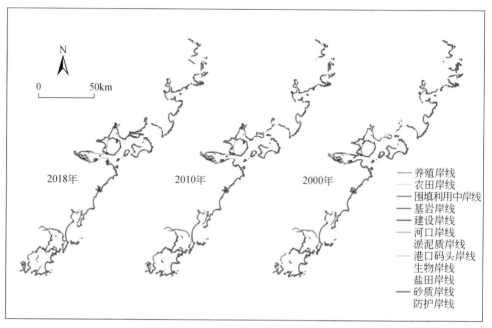

图7-6　2000～2018年厦漳泉海岸线功能类型空间变化

海岸线结构反映了研究区域内部不同功能类型海岸线的长度比例，岸线结构的变化在一定程度上也反映了海陆相互作用下形成的岸线状态，揭示出海岸线人工化强度不断增加及人类对岸线开发利用的特征。以在研究区内分布的12类不同功能类型海岸线人工化强度指数及功能类型比例与多样性指数描述海岸线功能类型的分布结构特征。

（1）岸线人工化强度指数。

不同功能类型海岸线分布导致区域岸线人工化强度存在差异，因此岸线人工化强度指数反映了自然岸线与人工岸线的比例关系，以及人类活动对海岸线资源环境影响的强弱程度。由图7-7所示，2000～2018年厦漳泉整体海岸线人工化强度指数经历了0.372—0.456—0.514，呈持续增长态势，同时市域岸线人工化强度指数与整体变化趋势一致，逐年增长。并且2000～2018年厦门市岸线人工化强度指数始终最高，变动趋势为 0.597—0.679—0.757，泉州市人工化强度变动为 0.338—0.430—0.470，漳州市人工化强度变动为 0.333—0.407—0.467，厦门市的岸线人工化强度指数均高于同期泉州市、漳州市及厦漳泉整体。可见厦门市人工岸线比例逐年增加，人类活动对海岸资源环境的影响强度也愈演愈烈，人工岸线的形成与发展改变了自然岸线的格局，也对整体岸线的自然演变产生了深刻的影响。

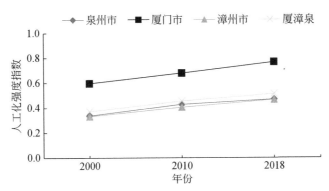

图 7-7 厦漳泉海岸线人工化强度指数

不同区县内部经济发展定位不同，岸线功能类型比例不一，岸线人工化强度也存在差异，如图 7-8 所示。各区县岸线人工化强度指数基本都呈现逐年增强趋势，其中同安区和翔安区的增长变化幅度最为明显。湖里区从 2000～2018 年岸线人工化强度始终位列第一，近 20 年的岸线人工化强度指数都高于 0.81，并呈

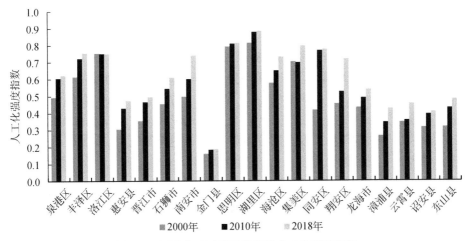

图 7-8 厦漳泉地区县域海岸线人工化强度指数

现逐年递增状态，且 2000～2010 年增幅最大；2000～2010 年同安区岸线人工化强度指数由 0.417 增长到 0.769，增长最多；2010～2018 年翔安区岸线人工化强度指数增速最快，由 0.525 增加到 0.719，南安市增速次之，由 0.601 增长到 0.740。

（2）岸线功能类型比例与岸线功能多样性指数。

统计表明，2000～2018 年整个研究区范围内不同功能类型的海岸线占比处在不断变化之中，同时岸线功能多样性指数也随着岸线类型结构的变化而变化，如图 7-9 所示。

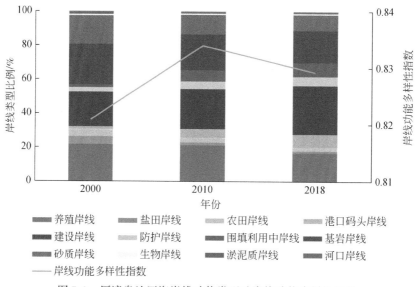

图 7-9　厦漳泉地区海岸线功能类型及岸线功能多样性指数

从 2000～2018 年的时间尺度来看，厦漳泉地区自然岸线由 43% 减少为 30%，比例持续下降了 13%，其中不同类型的自然岸线占比均逐年下降，砂质岸线的占比减少最为明显，减少了 7.4%，其次为基岩岸线，减少了 5.1%。此外，人工岸线占比上升到 70%，其中养殖岸线、盐田岸线、农田岸线占比依次降低，而建设岸线、围填利用中岸线、港口码头岸线、防护岸线占比依次增加，围填利用中岸线大致呈现从无到有，占比从 1.7% 增至 8.6%，建设岸线同围填利用中岸线增长较大，占比都超过了 7%。

从岸线功能类型来看，2000～2018 年厦漳泉岸线中五类自然岸线和人工岸线中的养殖岸线、盐田岸线、农田岸线占比一直处于减少状态，五类自然岸线的占比在 2000～2010 年的下降速度明显快于 2010～2018 年，这表明自然岸线在持续且迅速人工化，而盐田岸线、农田岸线在 2000～2010 年占比减少较快，养殖岸线在 2000～2010 年占比下降较少但在 2010～2018 年占比下降得较为明显。对于占比增长的岸线，围填利用中岸线、港口码头岸线、防护岸线占比持续增长，体现了厦漳泉地区经济建设处于蓬勃发展阶段。

整个厦漳泉地区岸线功能多样性指数总体上升，呈倒 V 形变动，从 2000 年的 0.82 增到 2010 年的 0.834，再降到 2018 年的 0.829。2000～2010 年，厦漳泉岸线功能类型受人为因素的影响趋于多样化发展，自然岸线比例大幅度降低，人工岸线比例增长趋势不断增强，海岸线类型不断丰富，类型多样性逐渐增强，2010 年之后岸线利用功能更加明确，围填利用中海岸线利用类型固定下来，各类型岸线占比趋于稳定，岸线功能多样性指数小幅度降低。这种变化表明厦漳泉地区海洋经济发展有了显著的成绩，经济构成趋向多样化，并直接作用和体现在岸线的结构变化上。

市域尺度下统计分析岸线功能类型及岸线功能多样性指数，如图 7-10 所示，2000～2018 年泉州市、厦门市、漳州市总体呈现出自然岸线退减、人工岸线比例增大的特征。从自然岸线类型来看，基岩岸线、砂质岸线、生物岸线、淤泥质岸线占比逐年减少，而河口岸线无明显变化，较为稳定。此外，生物岸线仅在漳州市存有，呈现小幅减少直至稳定的状态；淤泥质岸线分布在泉州市和漳州市，其中泉州市淤泥质岸线稳定无变化，而漳州市淤泥质岸线占比减少了 1%。从人工岸线类型来看，泉州市、厦门市、漳州市盐田岸线、农田岸线占比减少，其中

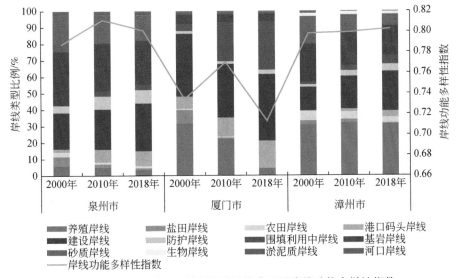

图 7-10 厦漳泉地区市域海岸线功能类型及岸线功能多样性指数

厦门市盐田岸线占比由8.4%减少为0，减少最明显；厦门市养殖岸线和泉州市养殖岸线减少比例依次降低，而漳州市养殖岸线出现了小幅度增长。三市域港口码头岸线、建设岸线、防护岸线、围填利用中岸线由于2000~2010年大规模建设活动和围填活动兴起，增长幅度较大，厦门市这几类岸线占比的变化最显著，尤其是围填利用中岸线占比从4.5%上升到29.7%，成为围填建设的热点区域，而防护岸线在泉州市的占比高于漳州市和厦门市，这是由于泉州市多L形和F形港口码头，并且在建设扩张的同时，配套建设了较多的防波堤等硬式护岸。2010~2018年，人为扩张速度趋于缓和，这几类岸线占比的变化也趋于稳定。

对比各市域岸线功能多样性指数，2000~2018年，泉州市岸线功能多样性指数波动增长，到2018年，泉州市各类岸线增长趋于稳定，其岸线功能多样性指数的变动与厦漳泉地区整体岸线一致，先增后减，呈倒V形。漳州市各类型岸线比例较为均衡，岸线功能多样性指数变动稳定，呈逐年小幅增加趋势。而厦门市岸线功能多样性指数呈倒V形，不同的是呈现波动减少趋势，岸线功能多样性下降了0.06，这是因为2010~2018年其建设岸线出现大比例增长，而其他岸线较为稳定。

二、岸线功能主体度变化

利用岸线功能主体度揭示区域岸线利用主体结构的变化，量化区域内主体岸线的重要程度，从而进一步反映区域内各时期海陆经济发展基本的态势。根据第七章内容计算研究区岸线功能主体度如表7-7所示。

整个厦漳泉地区的岸线利用主体结构经历了三元—三元—多元的结构变化。2000年和2010年都呈现以基岩岸线、养殖岸线、建设岸线为主的三元主体结构，且2000年基岩岸线为第一主体岸线、养殖岸线为第二主体岸线、建设岸线为第三主体岸线，到2010年建设岸线成为第一主体岸线，基岩岸线、养殖岸线分别为第二、第三主体岸线，到2018年整个研究区转变为多元主体结构。

泉州市岸线利用主体结构经历了三元—二元—二元的结构变化。2000年，基岩岸线、砂质岸线、建设岸线分别为第一、第二、第三主体岸线，2010年部分砂质岸线被开发利用为建设岸线，主体结构变为以基岩岸线为第一主体度、建设岸线为第二主体度的二元结构，到2018年，主体结构依旧保持二元结构，但建设岸线主体度上升为29.1%，转变为第一主体岸线，基岩岸线转变为第二主体岸线。

表 7-7　厦漳泉岸线功能主体度变化

地区		2000 年			2010 年			2018 年	
	岸线结构	主体类型	主体度/%	岸线结构	主体类型	主体度/%	岸线结构	主体类型	主体度/%
泉州市	三元主体	基岩岸线	32.5	二元主体	基岩岸线	28.6	二元主体	建设岸线	29.1
		砂质岸线	22.1		建设岸线	24.4		基岩岸线	26.8
		建设岸线	21.6						
泉港区	多元主体			多元主体			多元主体		
丰泽区	单一主体	建设岸线	42.9	二元主体	建设岸线	35.1	单一主体	建设岸线	71.4
					闸填利用中岸线	27.8			
洛江区	单一主体	建设岸线	79.4	单一主体	建设岸线	93.0	单一主体	建设岸线	93.0
惠安县	二元主体	基岩岸线	42.4	二元主体	基岩岸线	36.7	二元主体	基岩岸线	34.3
		建设岸线	20.0		建设岸线	28.9		建设岸线	33.6
晋江市	三元主体	基岩岸线	24.3	二元主体	建设岸线	28.2	二元主体	建设岸线	36.5
		砂质岸线	23.1		基岩岸线	23.1		基岩岸线	22.7
		建设岸线	22.3						
石狮市	二元主体	建设岸线	37.9	二元主体	建设岸线	37.0	多元主体		
		基岩岸线	30.3		基岩岸线	24.6			
南安市	单一主体	盐田岸线	62.8	二元主体	养殖岸线	32.2	二元主体	闸填利用中岸线	37.5
					建设岸线	21.4		建设岸线	31.7

续表

地区	岸线结构（2000年）	主体类型（2000年）	主体度/%（2000年）	岸线结构（2010年）	主体类型（2010年）	主体度/%（2010年）	岸线结构（2018年）	主体类型（2018年）	主体度/%（2018年）
金门县	二元主体	砂质岸线 基岩岸线	45.7 39.1	二元主体	砂质岸线 基岩岸线	44.1 37.9	二元主体	砂质岸线 基岩岸线	43.8 37.9
厦门市	二元主体	建设岸线 养殖岸线	38.3 31.6	三元主体	建设岸线 围填利用中岸线 养殖岸线	32.6 23.9 22.1	二元主体	建设岸线 围填利用中岸线	40.7 29.7
思明区	单一主体	建设岸线	86.7	单一主体	建设岸线	85.5	单一主体	建设岸线	84.0
湖里区	单一主体	建设岸线	50.2	二元主体	建设岸线 港口码头岸线	40.4 39.2	二元主体	建设岸线 港口码头岸线	56.1 43.1
海沧区	二元主体	建设岸线 养殖岸线	31.9 25.4	多元主体			二元主体	港口码头岸线 建设岸线	34.7 29.0
集美区	单一主体	建设岸线	65.9	单一主体	建设岸线	59.4	单一主体	建设岸线	78.2
同安区	单一主体	养殖岸线	89.0	单一主体	围填利用中岸线	88.6	单一主体	建设岸线	70.7
翔安区	单一主体	养殖岸线	45.3	单一主体	养殖岸线	50.0	单一主体	围填利用中岸线	62.0

续表

地区	岸线结构(2000年)	主体类型(2000年)	主体度/%(2000年)	岸线结构(2010年)	主体类型(2010年)	主体度/%(2010年)	岸线结构(2018年)	主体类型(2018年)	主体度/%(2018年)
漳州市	二元主体	养殖岸线	30.6	二元主体	养殖岸线	32.1	二元主体	养殖岸线	30.8
		基岩岸线	23.1		基岩岸线	20.3		建设岸线	24.1
龙海市	二元主体	养殖岸线	27.4	二元主体	建设岸线	27.4	二元主体	建设岸线	32.7
		建设岸线	26.9		养殖岸线	26.4		养殖岸线	23.4
漳浦县	三元主体	养殖岸线	36.2	二元主体	养殖岸线	38.5	二元主体	养殖岸线	36.7
		砂质岸线	26.9		基岩岸线	22.4		基岩岸线	20.4
		基岩岸线	24.6						
云霄县	二元主体	养殖岸线	42.3	二元主体	养殖岸线	40.3	多元主体		
		基岩岸线	23.0		基岩岸线	22.6			
诏安县	单一主体	养殖岸线	47.0	单一主体	养殖岸线	59.1	单一主体	养殖岸线	59.5
东山县	多元主体			二元主体	基岩岸线	35.3	二元主体	基岩岸线	32.5
					建设岸线	27.5		建设岸线	30.9
厦漳泉	三元主体	基岩岸线	24.0	三元主体	建设岸线	23.4	多元主体		
		养殖岸线	21.6		基岩岸线	20.9			
		建设岸线	20.4		养殖岸线	20.8			

厦门市岸线利用主体结构经历了二元—三元—二元的结构变化。2000 年，厦门市岸线利用主体结构为建设岸线和养殖岸线组成的二元主体结构，之后围填海进程加快，导致养殖岸线主体度下降，围填利用中岸线主体度上升，到 2010 年建设岸线、围填利用中岸线、养殖岸线主体度共同作用，岸线主体结构由二元转变为三元。2018 年，养殖岸线主体度持续下降，岸线结构转变为由建设岸线和围填利用中岸线组成的二元主体结构，其主体度分别为 40.7%、29.7%。

漳州市岸线利用主体结构始终保持了二元主体结构，2000 年和 2010 年都以养殖岸线为第一主体岸线、基岩岸线为第二主体岸线，到 2018 年，建设岸线主体度上升，成为第二主体岸线，养殖岸线仍占据第一主体地位。

岸线复杂程度变化也导致县域岸线主体度发生变化。

2000~2018 年，未发生主体度变化的县域包括泉港区、洛江区、惠安县、金门县、思明区、集美区、同安区、翔安区、龙海市、诏安县，其中泉港区保持多元主体结构；洛江区以建设岸线为单一主体度；惠安县以基岩岸线和建设岸线分别为第一、第二主体岸线；金门县自然岸线比例较高，始终为砂质岸线和基岩岸线组成的二元主体；思明区保持单一主体结构，其中建设岸线主体度在 84% 及以上；集美区同样也为以建设岸线为主的单一主体结构；同安区保持单一主体结构，但其主体岸线经历养殖岸线—围填利用中岸线—建设岸线的转变，这与其 2010 年后大规模开展围填海活动，进行城市和工业建设的发展进程密不可分；翔安区的单一主体岸线经历了由养殖岸线—养殖岸线—围填利用中岸线的变动；龙海市保持了养殖岸线和建设岸线的二元主体结构，并且建设岸线主体度从 2000 年的 26.9% 不断增长到 2018 年的 32.7%，逐渐成为第一主体岸线；诏安县由于其岸线资源禀赋，一直为以养殖岸线为主的单一主体结构。

2000~2018 年，岸线主体度发生变化的区县包括丰泽区、晋江市、石狮市、南安市、湖里区、海沧区、漳浦县、云霄县、东山县。丰泽区岸线结构由 2000 年的以建设岸线为主的单一主体结构变为 2010 年由建设岸线和围填利用中岸线组成的二元主体结构，之后围填利用中岸线主要开发活动为城镇建设，因此建设岸线比例增加，主体度明显上升，到 2018 年丰泽区岸线结构又成为单一主体结构；晋江市岸线结构由基岩岸线、砂质岸线、建设岸线的三元结构转变为由建设岸线和基岩岸线组成的二元结构；石狮市岸线结构在 2000 年、2010 年为建设岸线和基岩岸线组成的二元主体结构，到 2018 年，各岸线主体度较为均衡，成为多元主体结构；南安市由以盐田岸线为主的单一主体结构转变为养殖岸线和建设岸线组成的二元主体结构，再转变为围填利用中岸线和建设岸线组成的二元主体结构；湖里区 2000 年为以建设岸线为主体的单一主体结构，随着港口码头的建设，2010 年和 2018 年都为由建设岸线和港口码头岸线组成的二元主体结构；海沧区由 2000 年的由养殖岸线和建设岸线组成的二元主体结构逐渐转变为 2018 年的由港口码头岸线和建设岸线组成的二元主体结构；漳浦县 2000 年为由养殖岸线、砂质岸线、基岩岸线组成的三元主体结构，后期砂质岸线被开发为城镇建设、滨海旅游等服务，因此砂质岸线主体度不断下降，2010 年后，漳浦县岸线结构一直为由养殖岸线和基岩岸线组成的二元结构；云霄县 2010 年前都为由养殖岸线和基岩岸线组成的二元主体结构，到 2018 年岸线结构呈现多元化；东山县岸线结构在 2000 年为基岩岸线主体度较高的多元主体结构，而 2010 年和 2018 年由于建设岸线主体度上升，岸线结构转变为二元主体结构。

三、海岸线功能转移变化

根据土地利用转移矩阵的方法，测算 2000～2018 年不同时期内未发生位移的海岸线功能类型的转移变化情况。

如表 7-8 所示，2000～2010 年未发生位移的海岸线除港口码头岸线和河口岸线未发生功能转出，分别保持 23.26km、7.89km 的功能长度外，防护岸线、建设岸线、农田岸线、围填利用中岸线、盐田岸线、养殖岸线、淤泥质岸线、基岩岸线、砂质岸线、生物岸线均发生了一定程度的功能转移。2000～2010 年发生功能转移的岸线共 113.98km，其中防护岸线分别向港口码头岸线、建设岸线、围填利用中岸线转移 0.83km、3.64km、0.28km；建设岸线分别向防护岸线、港口码头岸线、围填利用中岸线、养殖岸线转移 0.19km、2.32km、0.90km、0.06km；农田岸线分别向防护岸线、建设岸线、养殖岸线转移 0.05km、6.85km、2.96km；围填利用中岸线分别向港口码头岸线、建设岸线转移 1.38km、1.38km；盐田岸线分别向港口码头岸线、建设岸线、围填利用中岸线、养殖岸线转移 1.37km、1.95km、1.10km、27.28km；养殖岸线分别向港口码头岸线、建设岸线、围填利用中岸线转移 0.66km、7.13km、7.85km；淤泥质岸线分别向建设岸线、农田岸线、养殖岸线转移 0.42km、0.80km、4.39km；基岩岸线分别向建设岸线、围填利用中岸线转移 1.92km、0.11km；砂质岸线分别向防护岸线、建设岸线、农田岸线、养殖岸线转移 4.11km、49.19km、3.21km、0.38km；生物岸线则向养殖岸线转移 1.27km。

表 7-8 2000~2010 年海岸线功能转移矩阵

（单位：km）

2000 年	2010 年 防护岸线	港口码头岸线	建设岸线	农田岸线	围填利用中岸线	盐田岸线	养殖岸线	淤泥质岸线	基岩岸线	河口岸线	砂质岸线	生物岸线	功能转出合计
防护岸线	30.72	0.83	3.64		0.28								4.75
港口码头岸线		23.26											0.00
建设岸线	0.19	2.32	198.98		0.90		0.06						3.47
农田岸线	0.05		6.85	37.75			2.96						9.86
围填利用中岸线		1.38	1.38		4.36								2.76
盐田岸线		1.37	1.95		1.10	37.94	27.28						31.70
养殖岸线		0.66	7.13		7.85		252.11						15.64
淤泥质岸线			0.42	0.80	0.11		4.39	10.59					5.61
基岩岸线			1.92						362.02				2.03
河口岸线										7.89			0.00
砂质岸线	4.11		49.19	3.21			0.38				195.15		56.89
生物岸线							1.27					13.35	1.27
功能转入合计	4.35	6.56	72.48	4.01	10.24	0.00	36.34	0.00	0.00	0.00	0.00	0.00	133.98

  总体而言，防护岸线转出4.75km、转入4.35km，以建设岸线为主要转移对象，港口码头岸线0转出，转入6.56km，以建设岸线为主要功能转入；建设岸线转出3.47km、转入72.48km，以港口码头岸线为主要转移对象；农田岸线转出9.86km、转入4.01km，以建设岸线为主要转移对象；围填利用中岸线转出2.76km、转入10.24km，以港口码头岸线和建设岸线为主要转移对象；盐田岸线转出31.70km、0转入，以养殖岸线为主要转移对象；养殖岸线转出15.64km、转入36.34km，以围填利用中岸线为主要转移对象；淤泥质岸线转出5.61km、0转入，以养殖岸线为主要转移对象；基岩岸线转出2.03km、0转入，以建设岸线为主要转移对象；砂质岸线转出56.89km、0转入，以建设岸线为主要转移对象；生物岸线转出1.27km、0转入，以养殖岸线为主要转移对象。自然岸线无任何转入，大多数都被转移为人工岸线，而人工岸线中建设岸线、养殖岸线、围填利用中岸线的功能转入最为剧烈。

  如表7-9所示，2010～2018年未发生位移的海岸线除港口码头岸线、河口岸线、生物岸线未发生功能转出，分别保持83.09km、8.30km、13.35km外，剩余9类岸线均发生功能转移。2010～2018年功能转移岸线总长138.12km，其中防护岸线分别向建设岸线、围填利用中岸线转移6.80km、0.41km；建设岸线分别向防护岸线、港口码头岸线、围填利用中岸线转移0.01km、1.99km、0.12km；农田岸线分别向建设岸线、围填利用中岸线转移2.51km、0.05km；围填利用中岸线分别向防护岸线、港口码头岸线、建设岸线转移1.70km、17.51km、30.13km；盐田岸线分别向建设岸线、围填利用中岸线、养殖岸线转移3.59km、10.70km、3.86km；养殖岸线分别向防护岸线、建设岸线、围填利用中岸线转移0.25km、5.38km、26.54km；淤泥质岸线向养殖岸线转移0.15km；基岩岸线分别向港口码头岸线、建设岸线、围填利用中岸线转移0.06km、0.97km、0.45km；砂质岸线分别向防护岸线、建设岸线、围填利用中岸线转移1.22km、22.77km、0.04km。

  总体来看，防护岸线转出7.21km、转入3.18km，以建设岸线为主要转移对象；港口码头岸线0转出，转入19.56km，且转入岸线以围填利用中岸线为主要功能；建设岸线转出2.12km，转入72.15km，以港口码头岸线为主要转移对象；围填利用中岸线转出49.34km，转入38.31km，以建设岸线为主要转移对象；盐田岸线转出18.15km，0转入，以围填利用中岸线为主要转移对象；养殖岸线转出32.17km，转入4.92km，以围填利用中岸线为主要转移对象；淤泥质岸线转出0.15km，0转入，以养殖岸线为主要转移对象；基岩岸线转出1.48km，0转入，以建设岸线为主要转移对象；砂质岸线转出24.03km，0转入，以建设岸线为主要转移对象。自然岸线仍表现为有转出无转入的现象，人工岸线以建设岸线、围填利用中岸线、港口码头岸线功能转入最为剧烈。

表 7-9　2010~2018 年海岸线功能转移矩阵

（单位：km）

2010 年	2018 年												功能转出合计
	防护岸线	港口码头岸线	建设岸线	农田岸线	围填利用中岸线	盐田岸线	养殖岸线	淤泥质岸线	基岩岸线	河口岸线	砂质岸线	生物岸线	
防护岸线	69.87		6.80		0.41								7.21
港口码头岸线		83.09											0.00
建设岸线	0.01	1.99	337.19		0.12								2.12
农田岸线			2.51	34.47	0.05		0.91						3.47
围填利用中岸线	1.70	17.51	30.13		13.03								49.34
盐田岸线			3.59		10.70	18.99	3.86						18.15
养殖岸线	0.25		5.38		26.54		263.12						32.17
淤泥质岸线							0.15	9.71					0.15
基岩岸线		0.06	0.97		0.45				339.90				1.48
河口岸线										8.30			0.00
砂质岸线	1.22		22.77		0.04						162.21		24.03
生物岸线												13.35	0.00
功能转入合计	3.18	19.56	72.15	0.00	38.31	0.00	4.92	0.00	0.00	0.00	0.00	0.00	138.12

对于岸线摆动的地区，岸线功能的转移存在某段岸线由一种功能转移为多种功能的可能，岸线功能转移矩阵不能够很好地表达变化情况，因此岸线摆动区的岸线功能变化仅使用不同功能的岸线长度变迁做量化研究。经过岸线长度变迁计算，如表 7-10 所示，2000～2010 年岸线摆动区内，自然岸线除河口岸线增加了 0.3km 外，基岩岸线、砂质岸线显著减少，而淤泥质岸线完全消失。此外，人工岸线中养殖岸线大幅度减少，减少了 23.60km，农田岸线、盐田岸线分别减少 13.61km、10.43km，建设岸线出现小幅减少，减少了 4.71km，而防护岸线、围填利用中岸线、港口码头岸线均有不同程度的增加，其中围填利用中岸线增加最多，增加了 84.38km。2010～2018 年岸线摆动区内，所有类型的自然岸线都出现缩减，其中基岩岸线和砂质岸线减少剧烈，分别减少了 21.15km、11.34km。人工岸线中农田岸线、盐田岸线、养殖岸线缩减，养殖岸线缩减最为剧烈，此外防护岸线、港口码头岸线、建设岸线、围填利用中岸线呈升序增加趋势。由此可见，2000～2018 年，岸线摆动区内以人为改变岸线进退为主要特征，并且岸线摆动区内多呈现以填海造陆、港口发展、城市建设为主的用地类型，自然岸线不断向人工岸线转入，同时经济效能低、回报周期长的养殖岸线、盐田岸线等不断被摒弃，向建设岸线、围填利用中岸线、港口码头岸线转入，以更大程度地利用海岸环境，推动海陆经济双向发展。由此可以推断，在未来很长一段时间内，厦漳泉地区海岸线将以自然岸线人工化、人工岸线升级化为主要特征。

表 7-10 摆动区岸线功能长度变化 （单位：km）

岸线功能	摆动区岸线变化量	
	2000～2010 年	2010～2018 年
防护岸线	26.82	11.57
港口码头岸线	56.13	27.62
河口岸线	0.30	−0.24
基岩岸线	−36.17	−21.15
建设岸线	−4.71	36.54
农田岸线	−13.61	−5.85
砂质岸线	−18.02	−11.34
围填利用中岸线	84.38	54.61
盐田岸线	−10.43	−1.01
养殖岸线	−23.60	−29.24
淤泥质岸线	−1.71	−0.73

四、海岸线功能演化分析

（一）功能演化驱动机制

在人为开发和海陆自然作用的综合影响下，海岸线一直处于动态变化中，不同地区海岸线变迁的因素不尽相同。总体上，海岸线的自然构造特征塑造了岸线形态的基本格局，但同时海岸线的自然变化是缓慢的，通常需要经过较长的历史时期，主要受海洋波浪、潮流、风暴潮、河口冲淤、地壳运动、海平面变化等因素影响，而人为改造速度往往远大于自然力量的塑造，人类对海岸的开发利用使岸线功能格局不断发展演化，进一步促进海岸线发生快速且大规模的形态变化。

根据前面的研究分析，厦漳泉地区自然岸线不断转出为人工岸线，自然保有率下降显著，并且在波浪作用、海洋动力及海平面上升的影响下，部分自然岸线，特别是砂质岸线发生了明显的方向改变和岸线后退。而人工岸线中建设岸线、港口码头岸线、围填利用中岸线是岸线功能主要转入对象，人为因素成为厦漳泉地区海岸线变迁的主要驱动力。厦漳泉地区主要的人为利用活动包括围海养殖、围海晒盐、港口码头建设、城镇建设、临海工业建设、滨海旅游建设，以及填海造陆活动等，其驱动机制主要表现在以下方面：

（1）人口增长驱动。截至 2009 年，福建围填海总面积为 111 451 hm²，其中用于城镇建设的围填海面积占 11%，人口增长带来住房、交通、基础设施等迅速增加的需求，人口增长的压力成为影响岸线功能变迁的重要因素之一。2000～2018 年，厦漳泉地区常住人口由 1391 万人增加到 1795 万人，年均增长人口22.4 万人，海岸带人口聚集趋势进一步加快，在快速的城镇化、工业化背景下人地矛盾问题突出，土地资源不足已经成为制约厦漳泉海岸带地区经济社会发展的主要问题（图 7-11）。随着海岸带地区人地矛盾的加剧，向海要地活动方兴未艾，填海造陆的热潮此起彼伏，填海造陆或者侵占自然海岸带用以建设工业开发区、新城镇地域，以及开拓生产生活空间已经成为沿海地区发展的常态。

（2）经济发展驱动。厦漳泉地区 GDP 从 2000 年的 1788.95 亿元增加到 2018年的 17 207.02 亿元，地区 GDP 增加了 15 418.07 亿元，经济的快速发展推动海岸线功能格局演化，具体包括以下 3 个方面：①经济的转型和快速发展迫使低效益的岸线让位。②第三产业不断发展，滨海旅游业建设的兴起和不断壮大、开发占用大量自然岸线，并形成一定的围填海需求。③外向型经济发展，海洋经济繁荣，产业向海迁移趋势明显，因此港口物流交通的发展和临港工业园区的布局，

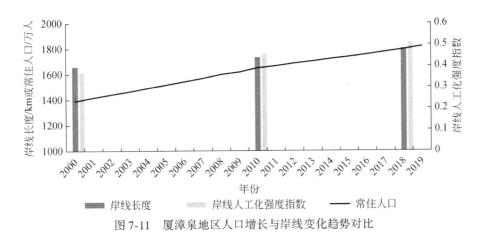

图 7-11   厦漳泉地区人口增长与岸线变化趋势对比

导致建设岸线和围填利用中岸线的功能转移变化显著，同时也形成了较大规模的填海造陆需求。

厦漳泉地区海域水产生物种类繁多，养殖业资源禀赋较高，尤其是漳州市渔港相对丰富，海洋空间规划层面也出现了诏安湾农渔业养殖区和东山湾农渔业养殖区等大规模渔业养殖用海。但是由于更高效的利用效率和经济发展的新需求，养殖岸线逐渐让位于其他经济效益更高的岸线类型。以厦门市养殖岸线为例（图 7-12），2000～2018 年养殖岸线长度由 75.02km 降低至 12.53km，与此同时渔业生产总值也从 164 682 万元减少至 81 254 万元。分析厦门市的产业结构与发展导向发现（图 7-13），第一产业产值比例较低且处于不断下降的态势，与此同时，第二产业和第三产业产值比例加和在 95% 以上，且仍然处于交替上升的态势，因此第一产业中的水产品养殖业处于经济链条里效益和重要程

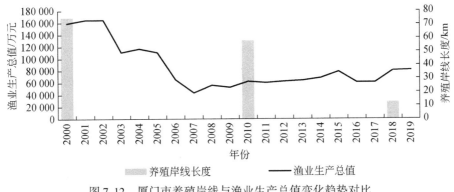

图 7-12   厦门市养殖岸线与渔业生产总值变化趋势对比

度相对偏低的地位,支撑其发展所必需的养殖岸线空间由于效益差异,需让位于建设岸线、港口码头岸线等支持厦门市工业生产制造和进出口导向的较高经济效益的岸线功能类型。

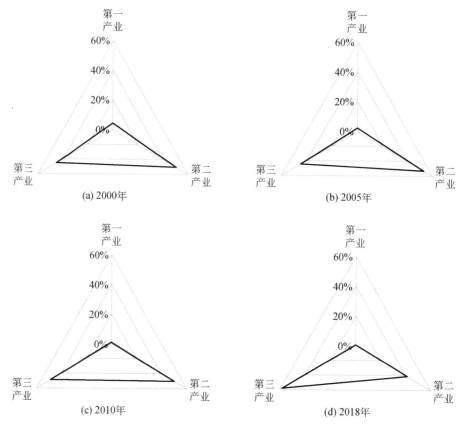

图 7-13　厦门市产业结构变化

　　同时,在福建构建"一带双核六湾多岛"的海洋开发新格局和建设海峡蓝色经济试验区的发展背景下,泉州市、厦门市、漳州市不同级别、不同类型的港口不断扩大和完善,并且围填新建海沧石化产业港、大嶝岛航空城、漳州招商局港区等大型港口码头和泉州外走马埭等仓储物流园区,港口码头及其配套设施不断完备,厦漳泉地区港口物流业、海洋船舶工业、临海工业、滨海旅游业、海水产品加工业等海洋产业集群不断形成,能源产业、新型工业、海洋运输已经成为经济发展的重要支柱。厦漳泉地区已经形成厦门国际航运枢纽港和湄洲湾主枢纽港,如图 7-14 所示,仅厦门市 2019 年进出口贸易总额就达到 930 亿美元,是2000 年的 9 倍多,反映了地区海洋经济蓬勃发展的势头。

图 7-14　厦门市港口岸头岸线与进出口贸易额变化趋势对比

　　此外，滨海旅游已成为福建旅游业的重要组成部分，占旅游总收入的80%以上，成为海洋经济的重要支柱。滨海旅游建设的快速发展，也在一定程度上促进了岸线人工化的加强和围填海工程的开展。由于规划实施了一大批旅游基础设施项目，旅游度假区、海滨浴场等需求扩大，大批砂质岸线被开发利用以建设旅游活动项目。随着旅游建设的深入发展，砂质岸线不断转向建设岸线，如以打造国际高端休闲度假目的地为导向而展开围填海建设的龙海市双鱼岛项目等。

　　（3）政策导向驱动。国家建设方针对围填海地区的影响举足轻重，政策导向对海岸线功能演变有深刻的影响。厦门市自1980年成立经济特区以来，出台了多项招商引资条例，大量投资落地推动了厦门市围填海造地的进程。随着厦门市由海岛城市向海湾城市的战略转变，2001～2007年厦门市开展了象屿保税区二期工程、海沧港区等大型填海工程的开发建设。而随着海西交通枢纽地位的提升和厦漳泉一体化背景下厦漳泉金湾区的发展目标的确立，厦门市继续加大港航基础设施建设，大嶝机场围填海工程将大幅提升厦门市港口航运输能力，统筹地区运输布局，扩大厦门湾的辐射范围，进一步推动临港产业集聚和壮大工业园区规模。快速强烈的围填海建设使厦门湾地区在2000～2018年始终是岸线功能变迁的热点区域之一。而20世纪90年代国家批准建立东山县经济技术开发区以来，大批投资项目引进，随着项目规模的不断增大及项目质量、档次的提升，产业集群效应愈加突显，东山县内初步形成了以水产品加工业、金属塑料制品制造业、食品加工业为主的产业结构，近年来，随着东山建设国际旅游海岛目标的确立和光伏及玻璃新材料产业园、海洋创意文化产业、海洋生物科技园的战略部署，东山县海岸线的功能格局不断升级化。2006年福建省政府批准在古雷半岛设立福建古雷港经济开发区，重点发展新型电子材料、新型船舶修造、重化工等产业群，规划到2015年全面建成古雷现代临港经济区。东山县海岸带形成东山片区以发展新兴海洋产业和对台农副产品加工贸易为主和古雷片区以装备制造业和港口物流业为主的发展格局。因此，2010～2018 年，东山湾地区成为厦漳泉海岸线变迁的新热点地区。

综上，沿海地区人类活动是推动短期海岸线长度形态改变的主导驱动因素，多元化的经济活动直接影响海岸线功能利用类型的结构特征，经济效益最大化的发展导向使海岸线结构升级，整体海岸线趋于人工化、多元化和经济利益化。人类活动与岸线功能呈现相互作用影响、互为因果的循环关联关系。可以从岸线功能的资源禀赋、开发可行性，以及人类活动内部、外部发展动力两个角度来解析岸线功能变迁的过程（图 7-15）。

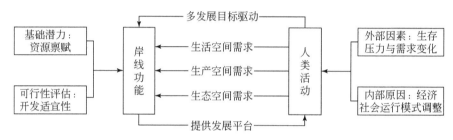

图 7-15　人类活动与岸线功能相互作用机制示意

对于海岸线来说，不同地区、不同类型的自然岸线差异化的岸线空间资源、海洋生物资源、潮汐能资源等资源禀赋条件，决定了岸线开发利用的基础潜力。岸线港湾较稳定、风浪屏蔽型较好，且拥有良好深水泊位的地区较适宜开发大型港口码头；而风光秀丽，气候宜人，拥有丰富多彩的自然景观和人文旅游资源的滨海地区，则较适宜开发为旅游度假胜地；具有丰富矿产油气资源的地区的岸线则较适宜配套海洋矿产资源开发功能等。进一步地，根据不同历史阶段人类活动的强度差异和工程技术水平不同，政府或市场主体有意识或无意识地在这些地区评估岸线资源利用潜力和开发适宜性，以保证一定社会发展阶段下某种功能建设的可行性。例如，21 世纪初在全国范围开展的"908 专项"对海洋环境、资源及开发利用与管理等进行了综合评价，基本摸清了我国近海海洋环境资源"家底"，近年来广泛进行的资源环境承载力评价也对海域和陆域资源环境可承载开发的潜力、可能性进行了评估。

另外，对于海岸线开发的主体——人类而言，人类社会外部生存压力和资源开发利用需求的时空差异、改变，以及社会内部经济社会运行模式的调整等因素，促使人类活动对现有岸线功能利用方式和结构进行调整，在拓展生活空间、生产空间、生态空间等多目标需求的条件下开展对现有岸线功能格局的重新开发与利用。在历史时期，由于陆域空间的资源环境仍可以承载人类活动，人类对于岸线功能的开发规模和强度较小，形成适应人类居住及小规模海洋捕捞养殖的岸线功能结构；而在当下，由于更多的区域间经济贸易往来和滨海旅游疗养的需求提升，以港口航运和休闲度假为导向的岸线功能更多地丰富了原有岸线功能结构。当人类活动对岸线功能结构造成改变后，新形成的岸线功能格局又将为现阶段及未来人类高效和可持续发展的生产生活活动提供更优质的发展平台，进一步促进人类活动的转型升级；由此而来的新阶段人类活动又将以新的发展目标需求驱动岸线功能发展新一轮的升级转化，形成一个完整的岸线功能与人类活动相互影响作用的联系机制。

（二）功能演化时序模式

海岸线功能的形成演化与自身资源禀赋条件和人类社会开发利用方式、开发程度密切相关，岸线功能格局的演进与地区经济和社会发展之间存在一个相互影响且互为因果的循环关联系统。在相互作用中，人类社会经济需求为岸线功能变迁提供驱动力，岸线功能变迁为人类经济活动提供必需的资源环境平台。结合美国经济学家切纳里的经济发展阶段理论（崔功豪等，2006）和我国学者段学军对长江岸线功能分异的演化描述（段学军和邹辉，2016），本书认为海岸线功能与人类社会发展交互联系的时序模式可大致结合所处的经济发展阶段进一步概括为以下几个概念化阶段（图7-16）。

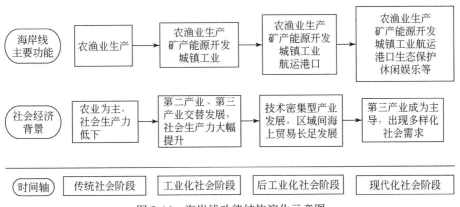

图7-16　海岸线功能结构演化示意图

传统社会阶段。地区产业结构以农业为主，没有或极少有现代化工业，科学技术、基础设施等方面均处于低水平，社会生产力总体较为低下。陆域的资源禀赋配置基本能够满足人们主要从事的农业生产活动需求，同时地区人口总量也处于适度人口容量的范畴内，陆域空间资源相对充裕。因而，人们的日常生产生活空间的开发活动较大程度上局限于陆域空间内，对海岸线地区的开发较少。仅有少数沿海而居的居民点以小规模捕捞、养殖的方式开发海岸线渔业资源。

工业化社会阶段。第二产业、第三产业交替发展，社会生产力大幅提升。由于工业生产力的发展，社会财富不断积累，人口明显增长，人类生活水平明显提升，特定社会生产力背景下的人口承载力逐渐不足；并且由于工业产品数量的井喷式发展，地区间的商品交换和海上贸易不断增加，致使城镇居住空间和商业空间开始向沿海地区拓展。沿海城镇地区往往是集居住、工业生产和港口贸易等多功能于一体的功能综合体。此外，由于技术的进步，人类开发和经营近海资源的能力不断提升，近海农渔业生产规模不断扩大，并且涌现出盐田开发等能源矿产资源利用方式。

后工业化社会阶段。伴随社会生产力、科技水平提升，技术密集型产业得到长足发展，新能源、新材料、航空航天和生物工程等新技术产业兴盛发展，人类开发岸线的进程大大加快。迫于人类对岸线资源更高效利用的压力，以及对外经济贸易在全球和地区经济体系中重要性的进一步提升，历史时期形成的相对低效岸线利用方式逐渐被相对高效的岸线利用方式所替代，沿海工业建设、围填海及港口码头岸线比例大大增加，农渔业生产、矿产能源开发等第一产业相关功能岸线比例出现衰减，岸线人工化强度大大加强，且逐渐在原有岸线功能基础上形成更加多元的岸线功能结构。

现代化社会阶段。知识密集型产业和技术人才成为社会发展的重要推动力，第三产业逐步成为地区的主导产业，人类的需求不断多样化，由此展开了岸线功能空间的进一步优化。低效利用岸线向高效利用岸线的转移仍在继续，岸线人工化强度仍保持增长。并且由于生活水平的提升，精神需求成为人们必需的需求组分，游憩和休闲空间在海岸线地区中的重要性不断提升，出现了旅游休闲功能主导的岸线空间。同时，随着生态保护和绿色宜居重要性的进一步提升，出现了自然保护区、生态涵养带等功能的岸线空间。岸线功能向更加绿色、高效和可持续的多元化功能方向发展。

第三节　资源环境承载力约束下的海岸线功能格局评价

沿海岸线资源综合适宜性评价是协调岸线功能布局、提高岸线资源综合利用效益的重要基础，也是引导沿海地区海陆统筹发展的重要纽带（陈诚，

2013）。安全永续的岸线空间格局必须与其所在的海岸带地区海陆资源环境系统空间格局相耦合，有序合理的岸线开发与地区资源环境系统变化过程也应相协调，为此，海岸带地区资源环境的时空变化规律就成为可持续岸线开发的基础性科学命题，海岸带地域功能空间组合方式就成为海岸线保护与开发格局的重要优化方向。

一、岸线功能冲突识别与评价原则

岸线功能冲突的识别需要建立在一定的判断规则上。基于海陆资源环境承载力评价结果，结合海陆空间开发利用功能，可建立以下识别依据：基于县域行政单元，引入岸线功能主体度的概念，反映研究区内岸线的功能类型和不同功能岸线的结构特征及其相对重要程度，以此确定同时符合海陆主体功能区导向的岸线功能布局。具体来讲：当海陆主体功能定位至少一方为禁止开发区时，岸线主体功能就以维护自然平衡、生态安全为主；而当海陆均为农渔产品主产区或重点生态功能区时，则岸线的主体功能应以生态养殖或生态功能维护为主体，而当陆域主体功能为限制开发、海域主体功能为重点开发时，岸线功能应以农渔业养殖、基础设施建设及港口建设等重点开发为主；当海陆空间均为重点开发功能时，则岸线也应为开发功能为主；当海陆功能均为优化开发时，岸线主体功能应以优化岸线开发与保护功能结构，提高岸线生态环境服务功能（图 7-17）。

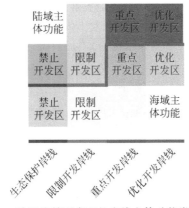

图 7-17　陆海统筹要求下的岸线主体功能类型选择

其中，海域主体功能区按开发内容可分为农渔业生产、港口航运、产业与城镇建设、矿产与能源开发、旅游休闲娱乐、生态环境服务六种功能。依据主体功能，将海洋空间划分为以下四类。

（1）优化开发区，是指现有开发利用强度较高，资源环境约束较强，产业结构亟须调整和优化的海域。

（2）重点开发区，是指在沿海经济社会发展中具有重要地位，发展潜力较大，资源环境承载力较强，可以进行高强度集中开发的海域，主要包括城镇建设用海区、港口和临港产业用海区、海洋工程和资源开发区。

（3）限制开发区，是指以提供海洋水产品为主要功能的海域，或用于保护海洋渔业资源和海洋生态功能的海域。

（4）禁止开发区，是指对维护海洋生物多样性，保护典型海洋生态系统具有重要作用的海域，包括海洋自然保护区、领海基点所在岛屿等。优化开发区是经济比较发达、人口比较密集、开发强度较高、资源环境问题更加突出，从而应该优化进行工业化城镇化开发的城镇化地区。

而陆域主体功能区按开发方式，可分为优化开发区、重点开发区、限制开发区和禁止开发区。

（1）优化开发区，是经济比较发达、人口比较密集、开发强度较高、资源环境问题更加突出，从而应该优化进行工业化城镇化开发的城镇化地区。

（2）重点开发区，是有一定经济基础、资源环境承载力较强、发展潜力较大、集聚人口和经济的条件较好，从而应该重点进行工业化城镇化开发的城镇化地区。优化开发区和重点开发区都属于城镇化地区，开发内容总体上相同，但开发强度和开发方式不同。

（3）限制开发区分为两类：一类是农产品主产区，即耕地较多、农业发展条件较好，尽管也适宜工业化城镇化开发，但从保障国家农产品安全及中华民族永续发展的需求出发，必须把增强农业综合生产能力作为发展的首要任务，从而应该限制进行大规模高强度工业化城镇化开发的地区；另一类是重点生态功能区，即生态系统脆弱或生态功能重要，资源环境承载力较低，不具备大规模高强度工业化城镇化开发的条件，必须把增强生态产品生产能力作为首要任务，从而应该限制进行大规模高强度工业化城镇化开发的地区。

（4）禁止开发区，是依法设立的各级各类自然文化资源保护区域，以及其他禁止进行工业化城镇化开发、需要特殊保护的重点生态功能区。国家层面禁止开发区包括国家级自然保护区、世界文化自然遗产、国家级风景名胜区、国家森林公园和国家地质公园。省级层面的禁止开发区包括省级及以下各级各类自然文化资源保护区域、重要水源地及其他省级人民政府根据需要确定的禁止开发区域。

总体而言，海域功能、陆域功能及岸线功能的统筹协调、共生发展是理想化岸线功能确定的总体战略思想，岸线功能应在开发强度水平、空间落位等方面与区域海陆功能相适宜。

二、岸线功能冲突识别与评价实证

选取福建厦漳泉地区作为实证研究案例地，基于两期（2010年、2018年）海岸线分类数据和2010年福建主体功能区划（陆域主体功能区划与海域主体功能区划）数据，以上述岸线主体功能冲突识别与评价原则为主要指导思想，具体采用岸线功能结构评价、岸线功能利用强度评价两大评价模块，对海岸线主体功能展开冲突识别与评价研究。其中，岸线功能结构评价主要是以定性判断的方式确定各个沿海县域的陆域主体功能、海域功能结构和岸线功能结构，并以海域功能结构和陆域主体功能为约束条件，判定岸线功能结构与之存在的冲突。而岸线功能利用强度冲突评价主要是以定量测算的方式，测度不同尺度（如地区、地市级、区县级等）沿海行政单元内岸线功能利用强度的数值，并与海域功能利用强度作对比，判定岸线功能结构与海域功能结构之间的偏差程度。

（一）基于海陆主体功能差异的岸线功能冲突识别与评价

1. 评价思路与过程

福建现行省域主体功能区划文本（具体包括《福建省主体功能区规划》和《福建省海洋功能区划（2011—2020）》）按照优化开发区、重点开发区和限制开发区的划分方法对陆域区县级行政单元的国土空间主体功能做了界定，尚未对沿海区县级行政单元的海域空间范围和对应岸线的主体功能做出明确的规定，所以在该评价模块中，综合考虑确定能够与陆域主体功能对接的海域功能结构和岸线功能结构成为冲突识别研究的基础工作。

首先需要按照《福建省海洋功能区划（2011—2020）》对海域的九类空间功能划分（图7-18），判定各个行政单元海域空间的主体功能结构。具体的判定方法是，依据规划中各个海域功能用海方式、管控方案规定的该种功能对海域自然属性的可改变程度，将九类海域功能划分为重点开发利用、限制性开发利用、生态环境保护三大类功能（表7-11），并将临近海岸线的海域主体功能类型投影到对应的岸线上，在各个行政单元岸线区段的范围内统计以上三大海域功能所占比例情况。

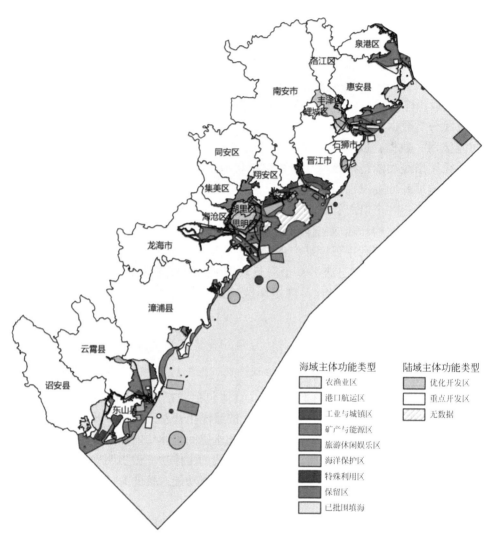

图 7-18　福建厦漳泉地区陆域主体功能与海域主体功能类型示意

表 7-11　规划海域功能分类及其依据

海域功能	原始海域功能区	划分依据与内涵
重点开发利用	工业与城镇区、港口航运区、已批围填海	以保证城镇工业用海、泄洪用海和保证沿海基础设施建设空间为主要功能，用海管控为允许适度改变海域自然属性为主

续表

海域功能	原始海域功能区	划分依据与内涵
限制性开发利用	农渔业区、矿产与能源区、旅游休闲娱乐区、特殊利用区	以保证渔业生物自然繁育空间、盐业基础设施建设空间、旅游浴场空间等功能为主，严格限制改变海域自然属性
生态环境保护	海洋保护区、保留区	以保证海洋生态环境稳定健康发展和保障海洋生物自然繁育空间为主要功能，禁止改变海域自然属性

其次，需要依据不同岸线利用类型的比例确定各个行政单元内岸线的功能结构。具体的做法与海域主体功能类似，将岸线利用类型依据其开发利用的程度和功能指向差异，划分为重点开发利用、限制性开发利用、生态环境保护三大类功能（表7-12），再统计各个区县内岸线功能的比例情况（表7-13）。需要说明的是，为保证海域、岸线功能对接的相对一致性和岸线功能的准确性，参照《福建省海洋功能区划（2011—2020）》和《福建省海岸带保护与利用规划（2016—2020 年）》中旅游娱乐休闲的空间位置，将上一阶段已获取的部分自然砂质岸线提取为滨海浴场岸线（该岸线包含海滨休闲娱乐功能，承载一定的人类活动），即在原有八大类岸线功能中分离出海滨浴场岸线，形成九大类岸线的分类模式。

表7-12　现状岸线功能分类及其依据

岸线功能	原始岸线分类	划分依据与内涵
重点开发利用	建设岸线、港口码头岸线、围填利用中岸线、防护岸线	具备较高的开发建设程度，以沿海工业城镇、基础设施建设和围填海等功能为主
限制性开发利用	养殖岸线、盐田岸线、农田岸线、海滨浴场岸线	具备一定的开发利用程度，以沿海渔业养殖、盐田生产和旅游休闲娱乐功能为主
生态环境保护	自然岸线	以维持自然现状为发展导向，主要由基岩岸线、淤泥质岸线等原生自然岸线构成

表7-13 2018年福建厦漳泉地区海域功能区段与岸线功能区段比例统计比较

地区		岸线长度/km	海域功能区段			岸线功能区段		
			重点开发利用/%	限制性开发利用/%	生态环境保护/%	重点开发利用/%	限制性开发利用/%	生态环境保护/%
泉州市	泉港区	72.5	83.0	7.7	9.3	66.9	13.8	19.3
	惠安县	192.3	35.1	40.1	24.8	52.5	7.5	40.0
	洛江区	3.4	42.7	0.0	57.3	93.0	0.0	7.0
	丰泽区	20.0	20.7	0.0	79.3	86.4	7.0	6.6
	晋江市	100.0	36.3	28.5	35.2	52.9	13.1	34.0
	石狮市	76.0	54.5	31.6	13.8	69.9	4.5	25.6
	南安市	29.8	91.0	9.0	0.0	83.3	12.2	4.5
	小计	494.0	48.2	27.9	23.9	60.9	9.3	29.8
厦门市	翔安区	105.4	57.6	33.9	8.5	82.9	11.3	5.8
	同安区	22.9	49.5	50.5	0.0	96.6	0.0	3.4
	集美区	24.4	22.3	77.7	0.0	100.0	0.0	0.0
	海沧区	52.8	36.1	52.5	11.4	80.4	3.5	16.1
	湖里区	39.0	59.9	40.1	0.0	100.0	0.0	0.0
	思明区	33.8	19.7	80.3	0.0	97.8	0.0	2.2
	小计	278.3	45.5	49.1	5.4	89.3	4.9	5.8
漳州市	龙海市	238.6	27.7	63.9	8.4	48.4	35.9	15.7
	漳浦县	313.3	24.2	54.4	21.4	29.5	46.6	23.9
	云霄县	69.5	0.0	38.0	62.0	36.9	40.3	22.8
	诏安县	99.4	6.2	87.2	6.6	18.8	60.6	20.6
	东山县	169.3	21.3	64.1	14.6	49.9	16.3	33.8
	小计	890.1	20.7	61.2	18.1	37.8	39.1	23.1
厦漳泉		1662.4	33.0	49.3	17.7	53.3	24.5	22.2

注:《福建省海洋功能区划(2011—2020年)》中未对金门县进行海洋功能定位,故将金门县数据略去。

再次，依据各个沿海区县级行政单元内三种海域（或岸线）功能区段的比例关系，使用调整后的功能主体度的判定原则，确定对应区县的海域（或岸线）功能。具体的判定依据如表 7-14 所示，S_1、S_2、S_3 为三种功能分区从大到小的空间占比，当行政单元内占比最大的功能类型比例 S_1 为其余两类功能比例 S_2、S_3 的两倍以上时，认为该区县具有明显的海域（或岸线）主导功能指向，并判定地区海域（或岸线）功能结构为单一主体结构。而当最大的功能类型比例 S_1 为第二大功能比例 S_2 的两倍以下时，且为第三大功能比例 S_3 的两倍以上时，认为前两种开发利用功能在行政单元内的海域（或岸线）空间均具有重要地位，并判定地区海域（或岸线）功能结构为二元主体结构。当 S_1 为其余两类功能比例 S_2、S_3 的两倍以下时，认为该区县不具有明显的海域（或岸线）主导功能指向，并判定地区海域（或岸线）功能结构为三元主体结构。

表 7-14　主体度识别原则下的海域功能、岸线主体功能判断

功能结构	判定准则
单一主体结构	$S_1 \geq 2S_2$ 且 $S_1 \geq 2S_3$
二元主体结构	$S_1 < 2S_2$ 且 $S_1 \geq 2S_3$
三元主体结构	$S_1 < 2S_2$ 且 $S_1 < 2S_3$

随后，进一步对得到的福建厦漳泉地区各个区县级行政单元的陆域主体功能、海域功能结构和岸线功能结构进行对比，评价现状岸线功能结构的冲突情况。福建沿海区县陆域主体功能区的发展均为重点开发或优化开发等开发建设导向，对于岸线功能开发与保护的约束力相对较小，所以重点考虑海域功能结构特征对岸线功能结构的约束性，以判断岸线功能结构冲突情况。

重点开发利用功能以沿海城镇工业和港口建设为导向，具有最高的功能开发程度；限制性开发利用功能需要兼顾考虑沿海农渔业、矿产能源产业及旅游业的健康稳定发展，需在建设开发中注重保护生态环境，具备次一级的功能开发许可度；而生态环境保护则以自然保护区、现有条件难以开发的空间为主，具备最低的功能开发许可度。当岸线功能结构与海域功能结构保持大体一致或处于海域功能结构允许的功能开发范畴以内，则认为岸线功能结构基本合理；而当岸线功能结构处于海域功能结构所允许的功能开发范围以外，则认为岸线功能结构与海域功能结构之间存在冲突。

冲突程度的具体判定方式确定如下：当发生功能冲突的岸线功能结构为工业、港口与城镇开发建设，而海域功能结构为保障农渔业、休闲旅游业等健康发展的导向时；或岸线功能结构为保障农渔业、休闲旅游业等健康发展的限制性开发建设，而海域功能结构以生态环境保护为主时，认为存在的功能冲突相对较

小，判定为存在一定冲突区间。而当岸线功能结构以工业、港口与城镇开发建设为导向，而海域功能结构以生态环境保护为主导时，则认为存在较大的功能冲突，判定为存在明显冲突区间。

2. 评价结果

从海陆主体功能分区差异的角度（表7-15），发现存在陆域功能开发定位高于岸线功能开发水平高于海域功能开发定位的现象。由于福建"八山一水一分田"的特殊地形地貌特征，海岸带平原地区成为全省经济和社会发展、人口和文化集聚的核心地带。厦漳泉沿海地区18个区县级行政单元均以重点开发或优化开发为发展导向，在省域主体功能区划中承担重要开发与发展职能，这就使沿海陆域空间和陆域空间必然需要为了维持地区高水平发展而大力发展工业园区、港口码头等高强度建设空间，使厦漳泉沿海区县级行政单元的陆域和岸线开发强度普遍超出近海海域主体功能定位。

表7-15　福建厦漳泉沿海区县陆域主体功能及海域、海岸线主体功能结构

地区		岸线长度/km	陆域主体功能	海域功能结构	岸线功能结构
泉州市	泉港区	72.52	重点开发区	重点开发利用	重点开发利用
	惠安县	192.23	重点开发区	重点开发、限制性开发、生态保护三元	重点开发利用、生态保护二元
	洛江区	3.41	重点开发区	生态保护、重点开发二元	重点开发利用
	丰泽区	20.08	优化开发区	生态环境保护	重点开发利用
	晋江市	99.94	重点开发区	重点开发、限制性开发、生态保护三元	重点开发、生态保护二元
	石狮市	75.95	重点开发区	重点开发、限制性开发二元	重点开发利用
	南安市	29.78	重点开发区	重点开发利用	重点开发利用
厦门市	翔安区	105.36	重点开发区	重点开发、限制性开发二元	重点开发利用
	同安区	22.89	重点开发区	重点开发、限制性开发二元	重点开发利用
	集美区	24.37	重点开发区	限制性开发利用	重点开发利用
	海沧区	52.78	重点开发区	重点开发、限制性开发二元	重点开发利用
	湖里区	39.03	优化开发区	重点开发、限制性开发二元	重点开发利用
	思明区	33.81	优化开发区	限制性开发利用	重点开发利用
漳州市	龙海市	238.51	重点开发区	限制性开发利用	重点开发、限制性开发二元
	漳浦县	313.12	重点开发区	重点开发、限制性开发、生态保护三元	重点开发、限制性开发、生态保护三元
	云霄县	69.4	重点开发区	生态环境保护	重点开发、限制性开发、生态保护三元

续表

地区		岸线长度/km	陆域主体功能	海域功能结构	岸线功能结构
漳州市	诏安县	99.42	重点开发区	限制性开发利用	限制性开发利用
	东山县	169.24	重点开发区	限制性开发利用	重点开发、生态保护二元

如表 7-16 和图 7-19 所示，在这种经济发展和人口集聚等动力推动下的厦漳泉海岸线功能存在 51.5% 的不合理区间，其中 45.9% 岸线由于存在海域和岸线功能开发强度差异而存在一定冲突区间，5.6% 岸线由于存在海域和岸线开发与保护定位的偏差而存在明显冲突区间。

表 7-16 基于主体功能差异的厦漳泉海岸线功能冲突识别结果

冲突类别	岸线长度/km	长度比例/%	区县单元
基本合理区间	807.02	48.5	泉港区、惠安县、晋江市、南安市、漳浦县、诏安县
存在一定冲突区间	761.95	45.9	石狮市、翔安区、同安区、集美区、海沧区、湖里区、思明区、龙海市、东山县
存在明显冲突区间	92.90	5.6	洛江区、丰泽区、云霄县

存在明显冲突的岸线主要为泉州市的洛江区、丰泽区及漳州市的云霄县（图 7-20）。由于近海海域空间范围存在泉州湾河口湿地保护区、漳江口红树林保护区等海域保护区或保留区，地区海域功能区段中生态环境保护的功能占据较为重要的位置。而岸线功能开发利用却由于地方发展环境和经济发展需求，多为工业生产和建设功能，呈现重点开发利用的功能导向，由此产生了较为明显的岸线功能冲突。

存在一定功能冲突的岸线主要分布在厦门市以及泉州市的石狮市、漳州市的龙海市和东山县（图 7-21）。上述区县中海域功能定位多以旅游休闲、农渔业生产等限制性开发利用方式为主，但由于陆域延伸而来的经济与产业、人口集聚空间及交通基础设施建设等发展需求，岸线开发利用强度较高，多以重点开发或重点开发与限制性开发二元为主，造成了岸线功能开发强度的冲突。

功能结构冲突区间
—— 基本合理区间
—— 存在一定冲突区间
—— 存在明显冲突区间

图 7-19   2018 年基于主体功能差异的厦漳泉海岸线功能冲突识别空间分布

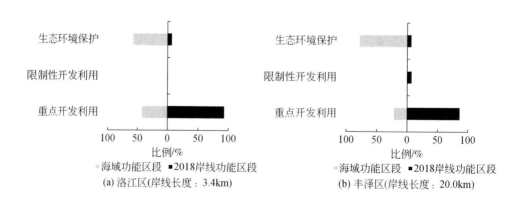

■海域功能区段   ■2018岸线功能区段
(a) 洛江区(岸线长度: 3.4km)

■海域功能区段   ■2018岸线功能区段
(b) 丰泽区(岸线长度: 20.0km)

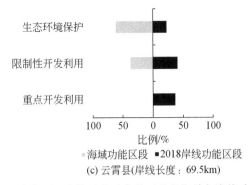

(c) 云霄县(岸线长度：69.5km)

图 7-20　存在明显岸线功能冲突的区县的海域与岸线功能构成

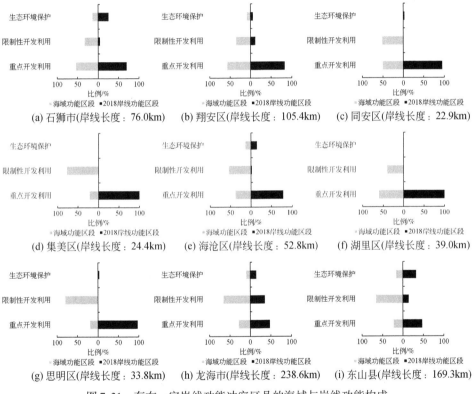

(a) 石狮市(岸线长度：76.0km)　(b) 翔安区(岸线长度：105.4km)　(c) 同安区(岸线长度：22.9km)

(d) 集美区(岸线长度：24.4km)　(e) 海沧区(岸线长度：52.8km)　(f) 湖里区(岸线长度：39.0km)

(g) 思明区(岸线长度：33.8km)　(h) 龙海市(岸线长度：238.6km)　(i) 东山县(岸线长度：169.3km)

图 7-21　存在一定岸线功能冲突区县的海域与岸线功能构成

厦门市海域空间主要以同安湾–马銮湾旅游休闲娱乐区、厦门岛东部旅游休闲娱乐区、鼓浪屿旅游休闲娱乐区等旅游休闲导向的限制性开发利用功能为主，但海岸线功能却以沿海公路堤坝、港口码头等基础设施建设及城市居民点为主，存在人工化和开发强度较高、自然岸线保有率偏低的问题。漳州市东山县海域以诏安湾农渔业区、苏尖湾旅游休闲娱乐区及珊瑚海洋保护区等限制开发和生态环境保护功能区间为主，但是由于东山湾经济技术开发区等大小工业园区、零散分布的工业企业土地不断扩张，以及沿海公路、城镇居民点等永久性沿海人工构筑物建设，地区岸线主体功能与海域功能开发与保护定位出现一定偏差。

岸线功能基本合理的区县主要为泉州市和漳州市的部分区县，其内部重点开发利用、限制性开发利用和生态环境保护三大类主体功能的比例保持相对的一致性（图 7-22）。

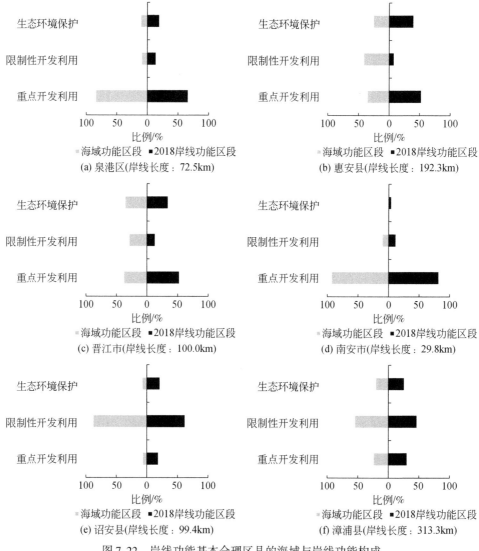

图 7-22　岸线功能基本合理区县的海域与岸线功能构成

泉州市泉港区的岸线人工化强度较高，分布有泉港石化工业园区等高强度工业开发建设园区，地区重点开发利用区比例达到67.0%。但由于在省域主体功能区规划的角度上，海域空间规划为城镇建设用海与肖厝港口航运用海等配套沿海工业与港口建设功能需求的空间，在一定程度上使海域功能定位与岸线功能利用保持了统一性，在主体功能规划层面上岸线功能较为合理。

漳州市诏安县的海域空间以诏安湾农渔业区和宫口湾农渔业区等限制性开发利用功能为导向，海域功能约束下的岸线功能结构应当也以农渔业养殖和生态环境保护等相对低强度开发为主。2018年诏安县自然岸线与养殖岸线的比例共计占地区岸线总长的80.1%，低强度的岸线开发利用功能与海域空间功能也达到了较高程度的契合。

此外，从时序发展的角度（图7-23），厦漳泉地区整体及内部各个地市的岸线开发利用强度均强于海域功能区规划约束下的功能强度，且岸线功能利用强度仍在不断提升中。2010年厦漳泉重点开发利用岸线比例为42.5%，超出海域功能承载空间9.5%；2018年这一比例达到53.3%，超出海域功能承载空间20.3%。

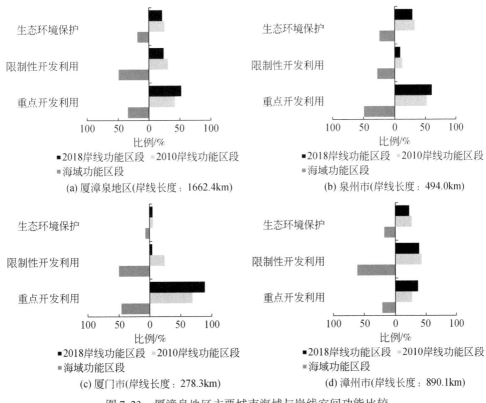

图 7-23 厦漳泉地区主要城市海域与岸线空间功能比较

在地市层面，厦门市的岸线人工化水平最高，且重点开发利用的岸线增长速度最快，这与地区旅游娱乐休闲和城镇港口建设并存的海域功能定位产生了一定冲突。2000 年厦门市海域重点开发利用比例为 45.5%，重点开发利用岸线比例为 69.7%，超出海域功能承载空间的 24.2%；而 2018 年，重点开发利用岸线比例骤增至 89.3%，超出海域功能承载空间的 43.8%，由于沿海道路桥梁基础设施建设、港口码头拓展等导致沿海建设岸线增加，海域功能区划与岸线功能格局的冲突与偏差日益增加。

（二）基于承载能力测度的岸线功能冲突识别与评价

1. 评价思路与过程

为减小岸线和海域主体功能区识别的主观判断偏差，进一步规范化识别和定量评价岸线功能与海域主体功能规划的冲突情况，采用资源环境承载力评价中岸线开发强度承载能力测算模块的评价思路，以海域功能利用强度作为岸线功能开发标准，按照式（7-1）~式（7-3）测度各个区县级行政单元的岸线功能利用强度 U_1、海域功能利用强度 U_2 以及功能利用强度比 P，P 用来表示岸线功能利用强度与海域功能利用强度的相互关系，以反映岸线功能承载力的情况。

$$U_1 = \frac{\sum_{i=1}^{n} L_i \times Q_i}{L} \tag{7-1}$$

$$U_2 = \frac{\sum_{i=1}^{n} L_i \times W_i}{L} \tag{7-2}$$

$$P = \frac{U_1}{U_2} \tag{7-3}$$

式中，L_i 为区县行政单元内不同功能岸线或海域投影在岸线上的长度；L 为区县行政单元内的岸线总长度；Q_i 和 W_i 分别为岸线和海域空间的功能利用强度权重，具体的取值如表 7-17 和表 7-18 所示。U_1、U_2 和 P 的计算结果如表 7-19 所示。

表 7-17　岸线空间功能分类及其功能利用强度权重

主体功能类型		具体功能分类	功能利用强度权重 Q_i
岸线空间	重点开发利用	建设岸线	0.6
		港口码头岸线	0.8
		围填利用中岸线	0.8
		防护岸线	0.6

续表

主体功能类型		具体功能分类	功能利用强度权重 Q_i
岸线空间	限制性开发利用	养殖岸线	0.4
		农田岸线	0.3
		盐田岸线	0.4
		滨海浴场岸线	0.2
	生态环境保护	自然岸线	0.1

表 7-18　海域空间功能分类及其功能利用强度权重

主体功能类型		具体功能分类	功能利用强度权重 W_i
海域空间	重点开发利用	工业与城镇区	0.6
		港口航运区	0.8
		已批围填海	0.8
	限制性开发利用	农渔业区	0.4
		矿产与能源区	0.4
		旅游休闲娱乐区	0.3
		特殊利用区	0.2
	生态环境保护	海洋保护区	0.0
		保留区	0.0

表 7-19　福建厦漳泉地区岸线功能利用强度、海域功能利用强度与功能利用强度比

行政单元		海域功能利用强度 U_2	岸线功能利用强度 U_1		功能利用强度比 P	
			2010 年	2018 年	2010 年	2018 年
泉州市	泉港区	0.59	0.49	0.51	0.83	0.86
	惠安县	0.40	0.37	0.40	0.93	1.00
	洛江区	0.30	0.57	0.57	1.90	1.90
	丰泽区	0.14	0.62	0.58	4.43	4.14
	晋江市	0.33	0.39	0.41	1.18	1.24
	石狮市	0.53	0.44	0.50	0.83	0.94
	南安市	0.62	0.52	0.65	0.84	1.05
	小计	0.44	0.42	0.46	0.95	1.05

行政单元		海域功能利用强度 U_2	岸线功能利用强度 U_1		功能利用强度比 P	
			2010 年	2018 年	2010 年	2018 年
厦门市	翔安区	0.47	0.49	0.68	1.04	1.45
	同安区	0.47	0.76	0.63	1.62	1.34
	集美区	0.39	0.58	0.64	1.49	1.64
	海沧区	0.42	0.58	0.60	1.38	1.43
	湖里区	0.60	0.72	0.69	1.20	1.15
	思明区	0.40	0.61	0.62	1.53	1.55
	小计	0.49	0.59	0.65	1.20	1.33
漳州市	龙海市	0.35	0.44	0.47	1.26	1.34
	漳浦县	0.37	0.33	0.39	0.89	1.05
	云霄县	0.12	0.34	0.42	2.83	3.50
	诏安县	0.38	0.37	0.38	0.97	1.00
	东山县	0.35	0.36	0.41	1.03	1.17
	小计	0.34	0.37	0.42	1.09	1.24
厦漳泉		0.39	0.42	0.47	1.08	1.21

2. 评价结果

依据《资源环境承载能力监测预警技术方法（试行）》规程中的开发强度划分阈值，综合考虑福建厦漳泉沿海地区陆域经济发展和社会建设对地区和全省的重大战略意义，适当放宽岸线功能开发的强度许可，采用调整后的阈值参数划分岸线功能利用强度冲突水平，具体的判定方式和评价结果如表 7-20 和表 7-21 所示。

表 7-20　基于承载能力测度的厦漳泉海岸线功能冲突评价结果（2010 年）

冲突类别	判定方式	岸线长度/km	长度比例/%	具体区县单元
基本合理区间	$P \leqslant 1.3$	1367.6	85.7	泉港区、惠安县、晋江市、石狮市、南安市、翔安区、湖里区、龙海市、漳浦县、诏安县、东山县
存在一定冲突区间	$1.3 < P \leqslant 1.8$	138.4	8.7	同安区、集美区、海沧区、思明区
存在明显冲突区间	$P > 1.8$	88.7	5.6	洛江区、丰泽区、云霄县

表7-21 基于承载能力测度的厦漳泉海岸线功能冲突评价结果（2018 年）

冲突类别	判定方式	岸线长度/km	长度比例/%	具体区县单元
基本合理区间	$P \leqslant 1.3$	1091.2	65.7	泉港区、惠安县、晋江市、石狮市、南安市、湖里区、漳浦县、诏安县、东山县
存在一定冲突区间	$1.3 < P \leqslant 1.8$	477.7	28.7	翔安区、同安区、集美区、海沧区、思明区、龙海市
存在明显冲突区间	$P > 1.8$	92.9	5.6	洛江区、丰泽区、云霄县

从资源环境承载力测度的角度来看，厦漳泉地区区县级行政单元海岸线从 2010 ~ 2018 年分别有 14.3% 和 34.3% 的海岸线与海陆域功能存在冲突，冲突程度日益增加。存在明显冲突区间保持相对稳定，且与上述基于海陆域主体功能差异识别的岸线冲突区间相一致，为泉州市的洛江区、丰泽区和漳州的云霄县，冲突增加的来源主要是基本合理区间岸线向存在一定冲突区间发生转移，如厦门市的翔安区、漳州市的龙海市。此外，如图 7-24 所示，存在承载力冲突的岸线主要位于漳州市的云霄县，泉州市的洛江区、丰泽区，以及厦门市沿海地区，其中以厦门市及其周边地区岸线功能冲突增长最为明显。

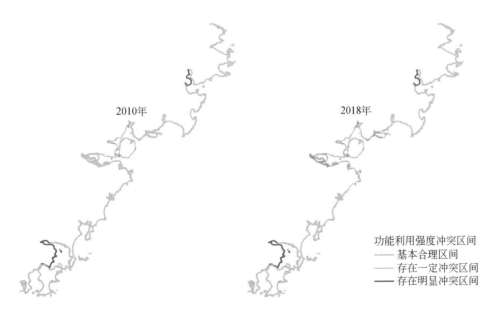

图 7-24 基于承载能力测度的厦漳泉海岸线功能冲突空间分布图

第四节　海岸线功能格局优化

　　以岸线资源环境承载力作为约束条件，从功能结构差异及承载能力测度两方面对福建厦漳泉地区海岸线功能格局冲突进行评价。根据评价结果，厦漳泉地区陆域功能定位较高，以重点开发利用为导向，对岸线功能格局的约束力有限，而海域功能定位与岸线功能格局现状存在一定偏差，这种偏差既包括开发建设或生态环境保护之间发展导向的差异，也包括重点发展工业、城镇与适度发展旅游、农渔业等功能开发强度之间的偏差，且伴随福建沿海地区在全省经济社会发展中的重要性不断提升，外向型经济模式不断发展，岸线开发强度仍将处于上升的态势，岸线主体功能与陆域、海域主体功能冲突的问题将日益凸显。因此，在现阶段及未来，应更加关注海岸线管控、综合治理与规划等岸线功能格局方面的优化，注重以下几个方面的落实与提升。

一、统筹海陆空间管控

　　（1）探究机制，深化认识。进一步探索和挖掘陆海交界地区人类不同开发程度与建设方式对海岸带生态环境的作用机制与影响范围，更加科学明确地认识人类活动对近海海域生态系统、海洋动力系统、海洋资源环境等方面产生的影响，为海岸带国土空间综合管控治理与规划建设提供科学依据。

　　（2）陆海统筹，科学规划。结合沿海地区经济发展需求、近期规划、远景定位与资源环境承载力情况，综合确定海域、陆域、岸线主体功能与发展定位，以相对统一的规划口径和目标定位，对陆域空间、海域空间、岸线空间进行规划和管制。可以通过划分陆海统筹的海岸带国土空间"三区三线"，明确区分集中连片开发地带、农渔业主产区、生态环境保护重点地带与禁止开发地带，限制人工岸线散点式的无序蔓延，科学促进经济发展与生态环境保护之间良性互动，推动海岸带地区可持续发展。

　　（3）优化管控，多管齐下。现有岸线国土空间开发的管控措施以自然岸线保有率为强制手段，通过在国家层面设置自然岸线保有率阈值限制岸线功能的无序与过度开发。但是本研究发现，岸线功能冲突不仅仅发生在人工化岸线与海陆域生态保护功能的对接偏差上，也同样体现在海陆域人工化建设内部不同强度的功能利用方式上，如农渔业发展、旅游休闲娱乐等相对低强度开发利用方式与港口码头、工业城镇建设等相对高强度开发利用方式之间的冲突。因此，在未来的岸线国土资源环境管控工作中，也应当关注不同地区岸线的合理开发强度，可尝试依据不同的海陆主体功能定位设置差异化岸线开发强度阈值的思路，在自然岸线保有率管控的基础上设置行政单元内的开发强度阈值、不同功能开发强度岸线的空间范围与边界，以更加多元的管控手段保障海岸带地区可持续化、一体化发展。

（4）统一口径，明确权责。由于地处海陆分界空间，管控主体与对象较为复杂多元，因此应更加注重自然资源部门、海洋与渔业部门等多部门联动一体，以相对统一的口径对海岸带国土空间展开规划、治理与管控工作。此外，也应当注意海岸带、海岸线规划和管理过程中，政令和规划计划由上到下的一致性和延续性，认真学习和落实国家级、省级海岸线和海岸带的整体战略布局与发展定位，结合地市与区县具体情况展开不同层级的岸线规划、管控工作。

二、协调岸线空间功能

各段岸线因所处区位及自然条件、生态保护价值、经济开发价值及市场需求等因素的影响不同，分别承担着生态、生活和生产等不同的功能。只有协调配置岸线的这些纵向空间功能，才能实现岸线的可持续利用。根据厦漳泉岸段的具体情况，以优先划定生态岸线、就近安排生活岸线、减缓生产岸线环境风险隐患、确保岸线整体生态安全及开发利用与保护双赢为原则，科学划定三生岸线，实现三生岸线协调有序的配置。具体如下。

（一）严格保护海洋生态保护红线和海洋生态空间管控

在海洋生态保护红线内，依据法律法规和相关规划，实行严格管理、强制保护，确保海洋生态环境和生态系统的完整性、延承性、独立性；加强九龙江口等河口海湾湿地的保护和修复，加大对红树林、珊瑚礁等典型海洋生态系统的保护力度；严格保护海蚀地貌等地质景观海岸，保持其自然岸线形态；海洋基础设施建设原则上不得穿越红线，涉及红线的航道、锚地、管线和桥梁等基础设施建设项目必须经严格论证，提出调整方案和生态环境影响评价，项目经部门审核后按程序报批；因重大战略资源勘查需要，经依法批准后予以安排勘查项目。

在海洋生态空间内，不得擅自改变海岸、海底地形地貌及其他自然生态环境状况；禁止进行围填海、矿产资源开发及其他城市建设开发等改变海域自然属性的开发活动；保持无居民海岛生态系统稳定，维持海岛利用现状，防止海岛资源遭到破坏；加强海域污染控制，逐步取缔入海排污口；实行自然岸线保有率管控，确保自然岸线保有率指标不突破，优质沙滩、地质景观海岸、河口湿地等珍稀自然海岸线零减少。

（二）适度开发海洋生物资源保护线和生物资源利用空间

在海洋生物资源保护线内，严格控制重要水产种质资源产卵场、索饵场、越冬场及洄游通道内各类用海活动，禁止建闸、筑坝及妨碍鱼类洄游的其他活动；严格保护珍稀、濒危海洋生物物种、"三场一通道"、生物栖息地等重要生境；严格控制陆源污染物排放，加强污染整治和生态修复；逐步取缔区内入海排污口，实施污染物零排放。

在生物资源利用空间内，实行捕捞渔船数量和功率总量控制，严格执行伏季休渔制度，调整捕捞作业结构；加强重要渔业资源保护，开展增殖放流，改善渔业资源结构；限制大规模高强度开发，但允许开展有利于提高海洋渔业生产能力和生态服务功能的开发活动；协调处理港口、临海工业发展与现有海水养殖业的关系，适度发展近海养殖业；实施禁渔区、休渔期管制，加强水产种质资源保护，禁止开展对海洋经济生物繁殖生长有较大影响的开发活动。

（三）严格控制围填海控制线和建设用海空间

严格控制围填海总体规模的同时，海岸线开发利用方式还应符合海洋功能区划及相关专项规划。提高涉海行业准入门槛，严禁国家产业政策限制类、淘汰类项目布局。各类用海项目立项必须先审查是否符合建设用海空间管控要求，对不符合部分要求的项目，应提出重新选址或调整用海位置和面积，对不符合全部要求的项目不予受理或不同意立项。禁止建设有可能造成海洋水动力发生重大改变和重大生态影响的围填海工程。注重社会公益项目用海需求，保障公众亲海空间，营造宜居海岸生态环境。

在建设用海空间内，统筹协调城镇与港口布局、产业发展、旅游开发、生态保护关系，加强自然岸线保护与修复；减少港口航运、工业与城镇建设等开发活动对海洋水动力环境、岸滩及海底地形地貌的影响，防止海岸侵蚀；重点安排鼓励类产业用海，鼓励海水综合利用，严格限制高耗能、高污染和资源消耗型工业项目用海，严格执行产能及用海标准；对于大型建设用海项目，加强海域使用后评价，分析海域使用对海洋环境影响，根据影响及经济效益调整改进管理和利用方式。

参 考 文 献

贝毅，曲连刚，1998. 知识经济与全球经济一体化——兼论知识经济条件下国际产业转移的新特点. 世界经济与政治，（8）：28-30.

比利安娜 C S，罗伯特 W K，2010. 美国海洋政策的未来——新世纪的选择. 北京：海洋出版社.

毕世普，别君，张勇，2014. 近 20 年来胶东半岛南部典型海岸带地区岸线变迁的遥感分析. 海洋地质前沿，30（1）：16-18.

常冬铭，孙晓明，李丽萍，2007. 港口与港口城市的互动关系. 中共济南市委党校学报，（3）：15-17.

陈诚，2013. 沿海岸线资源综合适宜性评价研究——以宁波市为例. 资源科学，35（5）：950-957.

陈诚，2015. 江苏省泰州长江岸线利用演变及影响因素分析. 长江流域资源与环境，24（3）：373-380.

陈诚，甄云鹏，2014. 江苏省长江岸线资源利用变化及合理性分析. 自然资源学报，29（4）：633-642.

陈航，2009. 港城互动的理论与实证研究. 大连：大连海事大学.

陈良文，杨开忠，2007. 我国区域经济差异变动的原因：一个要素流动和集聚经济的视角. 当代经济科学，（3）：35-42.

陈良文，杨开忠，2008. 集聚与分散：新经济地理学模型与城市内部空间结构、外部规模经济效应的整合研究. 经济学（季刊），（1）：53-70.

陈晓英，张杰，马毅，2014. 近 40 年来海州湾海岸线时空变化分析. 海洋科学进展，32（3）：324-334.

陈晓英，张杰，马毅，等，2015. 近 40 年来三门湾海岸线时空变化遥感监测与分析. 海洋科学，39（2）：43-49.

陈雪玫，蔡婕，2008. 我国海洋运输业集群的实证分析及政策建议. 海洋开发与管理，25（12）：68-70.

崔功豪，魏清泉，刘科伟，等，2006. 区域分析与区域规划. 北京：高等教育出版社.

董晓菲，2011. 大连港—东北腹地系统空间作用及联动发展机理研究. 长春：东北师范大学.

董昭顷，付东洋，刘大召，等，2019. 基于 ZY-3 遥感影像的不同地貌水边线提取方法. 海洋测绘，39（2）：34-39.

段学军，邹辉，2016. 长江岸线的空间功能、开发问题及管理对策. 地理科学，36（12）：1822-1833.

樊杰，2009. 国家汶川地震灾后重建规划：资源环境承载能力评价. 北京：科学出版社.

樊杰，2016. 我国国土空间开发保护格局优化配置理论创新与"十三五"规划的应对策略. 中国科学院院刊，31（1）：1-12.

樊杰，2010. 玉树地震灾后恢复重建：资源环境承载能力评价. 北京：科学出版社.

樊杰，陶岸君，陈田，等，2008. 资源环境承载能力评价在汶川地震灾后恢复重建规划中的基础性作用. 中国科学院院刊，(5)：387-392.

樊彦国，张淑芹，侯春玲，等，2009. 基于遥感影像提取海岸线方法的研究——以黄河三角洲地区黄河口段和刁口段海岸为例. 遥感信息，(4)：67-70.

范晓婷，2008. 我国海岸线现状及其保护建议. 地质调查与研究，31（1）：28-32.

范云芳，2009. 经济全球化下的要素集聚：比较优势的源泉. 生产力研究，(11)：29-32.

冯士筰，李凤岐，李少菁，2010. 海洋科学导论. 北京：高等教育出版社.

高健，林捷敏，杨斌，2012. 我国海岸带经济管理领域的研究方向与进展. 上海海洋大学学报，21（5）：848-855.

高义，苏奋振，周成虎，等，2011. 基于分形的中国大陆海岸线尺度效应研究. 地理学报，(3)：331-339.

高义，王辉，苏奋振，等，2013. 中国大陆海岸线近30a的时空变化分析. 海洋学报，35（6）：31-42.

郭建科，韩增林，2010. 港口与城市空间联系研究回顾与展望. 地理科学进展，29（12）：1490-1498.

郭建科，韩增林，2013. 中国海港城市"港-城空间系统"演化理论与实证. 地理科学，33（11）：1285-1292.

韩增林，刘桂春，2007. 人海关系地域系统探讨. 地理科学，27（6）：761-767.

何报寅，丁超，杨小琴，等，2011. Landsat7 ETM+SLC-OFF 数据的修复及其在武汉东湖水质反演中的应用. 长江流域资源与环境，20（1）：90-95.

侯西勇，徐新良，2011. 21 世纪初中国海岸带土地利用空间格局特征. 地理研究，30（8）：1370-1379.

侯西勇，毋亭，侯婉，等，2016. 20 世纪40年代初以来中国大陆海岸线变化特征. 中国科学：地球科学，46（8）：1065-1075.

胡序威，毛汉英，陆大道，等，1995. 中国沿海地区持续发展问题与对策. 地理学报，50（1）：1-12.

黄鹤群，1998. 港口：城市开放型经济的龙头. 水运管理，(10)：7-11.

黄顺泉，2011a. 我国制造业集聚与港口发展关系的动态面板数据模型. 上海海事大学学报，32（3）：25-31.

黄顺泉，2011b. 基于协整理论的上海临港工业识别. 港口经济，(7)：4.

黄小平，张凌，张景平，等，2016. 我国海湾开发利用存在的问题与保护策略. 中国科学院院刊，31（10）：1151-1156.

惠凯，2004a. 论港口城市的发展. 中国港口，(11)：11-13.

惠凯，2004b. 临港产业集聚机制研究. 大连：大连理工大学.

姜丕军, 2010. 交通运输促进经济集聚和扩散的机理与对策. 物流技术, 29 (Z1): 25-28.

金煜, 陈钊, 陆铭, 2006. 中国的地区工业集聚: 经济地理、新经济地理与经济政策. 经济研究, (4): 79-89.

鞠超, 2017. 基于面向对象的高分一号遥感图像海岸线自动提取研究. 阜新: 辽宁工程技术大学.

寇征, 2013. 海岸开发利用空间格局评价方法研究. 大连: 大连海事大学.

雷静, 张琳, 黄站峰, 2010. 长江流域水资源开发利用率初步研究. 人民长江, 41 (3): 11-14.

李爱国, 黄建宏, 2006. 运输成本对空间经济集聚与扩散活动的影响. 求索, (7): 9-11.

李小建, 张晓平, 彭宝玉, 2000. 经济活动全球化对中国区域经济发展的影响. 地理研究, 19 (3): 225-233.

李雪丁, 卢振彬, 2008. 福建近海渔业资源生产量和最大可持续开发量. 厦门大学学报 (自然科学版), (4): 596-601.

梁超, 黄磊, 邹亚荣, 2015. 20 年来北戴河岸线变化监测与对策研究. 海洋开发与管理, 32 (10): 69-72.

林理升, 王晔倩, 2006. 运输成本、劳动力流动与制造业区域分布. 经济研究, (3): 115-125.

刘继生, 张文奎, 张文忠, 1994. 区位论. 南京: 江苏教育出版社.

刘佳, 尹海伟, 孔繁花, 等, 2018. 基于电路理论的南京城市绿色基础设施格局优化. 生态学报, 38 (12): 4363-4372.

刘荣杰, 张杰, 闫秋双, 等, 2014. 1982～2012 年间福建省主要河口海岸岸线变迁遥感监测分析. 应用海洋学学报, 33 (3): 425-433.

刘瑞, 朱道林, 2010. 基于转移矩阵的土地利用变化信息挖掘方法探讨. 资源科学, 32 (8): 1544-1550.

刘瑞玉, 胡敦欣, 1997. 中国的海岸带陆海相互作用 (LOICZ) 研究. 地学前缘, 4 (2): 194.

刘永超, 李加林, 袁麒翔, 等, 2016. 人类活动对港湾岸线及景观变迁影响的比较研究——以中国象山港与美国坦帕湾为例. 地理学报, 71 (1): 86-103.

刘勇, 黄海军, 严立文, 2013. 不同空间尺度下石臼陀岛海岸线提取的遥感应用研究. 遥感技术与应用, 28 (1): 144-149.

鲁格曼 A, 2001. 全球化的终结. 常志霄, 等, 译. 北京: 三联书店.

陆大道, 2003. 中国区域发展的新因素与新格局. 地理研究, (3): 261-271.

栾维新, 崔红艳, 2004. 基于 GIS 的辽河三角洲潜在海平面上升淹没损失评估. 地理研究, 23 (6): 805-814, 880.

罗伯特 K, 杰奎琳 A, 2010. 海岸带规划与管理. 高健, 张效莉, 译. 上海: 上海财经大学出版社.

罗肇鸿, 1998. 世界经济全球化的积极作用和消极影响. 太平洋学报, (4): 3-12.

吕京福, 印萍, 边淑华, 等, 2003. 海岸线变化速率计算方法及影响要素分析. 海洋科学进展，(1)：51-59.

马丽，刘卫东，刘毅，2004. 经济全球化下地方生产网络模式演变分析——以中国为例. 地理研究，(1)：87-96.

马小峰，邹亚荣，刘善伟，2015. 基于分形维数理论的海岸线遥感分类与变迁研究. 海洋开发与管理，32（1）：30-33.

毛汉英，2014. 中国周边地缘政治与地缘经济格局和对策. 地理科学进展，33（3）：289-302.

毛汉英，余丹林，2001. 区域承载力定量研究方法探讨. 地球科学进展，16（4）：549-555.

倪庆琳，丁忠义，侯湖平，等，2019. 基于电路理论的生态格局识别与保护研究——以宁武县为例. 干旱区资源与环境，33（5）：67-73.

牛文元，康晓光，王毅，1994. 中国式持续发展战略的初步构想. 管理世界，(1)：195-203.

欧阳志云，郑华，谢高地，等，2016. 生态资产、生态补偿及生态文明科技贡献核算理论与技术. 生态学报，36（22）：7136-7139.

潘非斐，2016. 福建围填海的现状分析及管理对策. 海洋环境科学. 35（5）：756–759.

钱金平，贾俊艳，何萍，等，2013. 河北省海岸带土地利用空间格局. 水土保持研究，20（5）：261-265.

钱乐祥，等，2004. 遥感数字影像处理与地理特征提取. 北京：科学出版社.

钱乐祥，李仕峰，崔海山，等，2012. 基于单一影像局部回归模型修复的 Landsat 7 ETM SLC-OFF 图像质量评价. 地理与地理信息科学，28（5）：21-24.

荣朝和，1995. 运输发展理论以运输化为主要线索的新进展. 北方交通大学学报，19（4）：502-508.

申家双，郭海涛，李海滨，等，2013. 基于 Canny 算子和 GAC 模型相结合的影像水边线提取方法. 测绘科学技术学报，30（3）：264-268.

史培军，王静爱，陈婧，等，2006. 当代地理学之人地相互作用研究的趋向——全球变化人类行为计划（IHDP）第六届开放会议透视. 地理学报，(2)：115-126.

苏德勤，1999. 现代港口功能发展及其代别划分. 中国港口，(1)：34-36.

孙东琪，陆大道，王振波，等，2017. 渤海海峡跨海通道客货流量预测分析. 地理学报，72（8）：7486-7507.

孙伟，陈诚，2013. 海岸带的空间功能分区与管制方法——以宁波市为例. 地理研究，32（10）：1878-1889.

孙晓宇，吕婷婷，高义，等，2014. 2000—2010 年渤海湾岸线变迁及驱动力分析. 资源科学，36（2）：413-419.

孙永玲，江利明，柳林，等，2016. 基于 Landsat-7 ETM+SLC-OFF 影像的山地冰川流速提取与评估——以 Karakoram 锡亚琴冰川为例. 冰川冻土，38（3）：596-603.

索安宁，曹可，马红伟，等，2015. 海岸线分类体系探讨. 地理科学，35（7）：933-937.

藤田昌久，保罗 K，安东尼 J V，2005. 空间经济学——城市、区域与国际贸易. 梁琦，等，译. 北京：中国人民大学出版社.

田晓红，林友明，2007. Landsat-7 缝隙数据恢复的算法研究. 计算机仿真，24（12）：59-61.

王常颖，王志锐，初佳兰，等，2017. 基于决策树与密度聚类的高分辨率影像海岸线提取方

参 考 文 献

法. 海洋环境科学, 36 (4)：590-595.

王力彦, 李鹏, 李四海, 等, 2016. 高分辨率遥感影像海岸线提取方法研究——以 WorldView-2 数据为例. 测绘与空间地理信息, 39 (10)：75-78.

王列辉, 2010. 国外港口城市空间结构综述. 城市规划, 34 (11)：55-62.

王西琴, 张远, 2008. 中国七大河流水资源开发利用率阈值. 自然资源学报, (3)：500-506.

王小鲁, 樊纲, 2004. 中国地区差距的变动趋势和影响因素. 经济研究, (1)：33-44.

魏后凯, 2002. 外商直接投资对中国区域经济增长的影响. 经济研究, (4)：19-26.

毋亭, 侯西勇, 2016. 海岸线变化研究综述. 生态学报, 36 (4)：1170-1182.

吴传钧, 高小真, 1989. 海港城市的成长模式. 地理研究, 8 (4)：9-15.

吴国付, 程蓉, 2006. 港口对地区经济贡献度研究. 武汉理工大学学报 (交通科学与工程版), 903：535-538.

吴琳娜, 杨胜天, 刘晓燕, 等, 2014. 1976 年以来北洛河流域土地利用变化对人类活动程度的响应. 地理学报, 69 (1)：54-63.

吴小娟, 肖晨超, 崔振营, 等, 2015. "高分二号" 卫星数据面向对象的海岸线提取法. 航天返回与遥感, 35 (4)：84-92.

吴一全, 刘忠林, 2019. 遥感影像的海岸线自动提取方法研究进展. 遥感学报, 23 (4)：582-602.

吴永富, 1997. 国际集装箱运输与多式联运. 北京：人民交通出版社.

肖辉, 2008. 大连临港产业集群发展及对策研究. 大连：大连海事大学.

谢高地, 2018. 国家生态安全的维护机制建设研究. 环境保护, 46 (Z1)：13-16.

谢高地, 张彩霞, 张昌顺, 等, 2015. 中国生态系统服务的价值. 资源科学, 37 (9)：1740-1746.

邢春梅, 2008. 秦皇岛港城互动关系分析及对策建议. 秦皇岛：燕山大学.

徐建华, 2014. 计量地理学 (第二版). 北京：高等教育出版社.

徐建华, 2010. 地理建模方法. 北京：科学出版社.

徐洁, 谢高地, 肖玉, 等, 2019. 国家重点生态功能区生态环境质量变化动态分析. 生态学报, 39 (9)：3039-3050.

徐进勇, 张增祥, 赵晓丽, 等, 2013. 2000—2012 年中国北方海岸线时空变化分析. 地理学报, 68 (5)：651-660.

徐谅慧, 2015. 岸线开发影响下的浙江省海岸类型及景观演化研究. 宁波：宁波大学.

许宁, 2016. 中国大陆海岸线及海岸工程时空变化研究. 烟台：中国科学院烟台海岸带研究所.

严军, 王婷, 秦珏, 2020. 基于变异系数法的马鞍山江心洲生态敏感性定量研究. 生态科学, 39 (2)：124-132.

闫秋双, 2014. 1973 年以来苏沪大陆海岸线变迁时空分析. 青岛：国家海洋局第一海洋研究所.

晏维龙, 2012. 海岸带产业成长机理与经济发展战略研究. 北京：海洋出版社.

晏维龙, 袁平红, 2011. 海岸带和海岸带经济的厘定及相关概念的辨析. 世界经济与政治论坛，(1)：82-93.

杨长坤，刘召芹，王崇，等，2015. 2001—2013 年辽东湾海岸带空间变化分析. 国土资源遥感，27 (4)：150-157.

杨吾扬，张国伍，等，1986. 交通运输地理学. 北京：商务印书馆.

叶梦姚，李加林，史小丽，等，2016. 人工岸线建设对浙江大陆海岸线格局的影响. 海洋学研究，34 (3)：34-42.

叶梦姚，李加林，史小丽，等，2017. 1990-2015 年浙江省大陆岸线变迁与开发利用空间格局变化. 地理研究，36 (6)：1159-1170.

于彩霞，王家耀，许军，等，2014. 海岸线提取技术研究进展. 测绘科学技术学报，31 (3)：305-309.

于杰，杜飞雁，陈国宝，等，2009. 基于遥感技术的大亚湾海岸线的变迁研究. 遥感技术与应用，24 (4)：512-516.

余不凡，郎文辉，任莎莎，等，2019. Sentinel-1 宽模式的 SAR 图像拼接及大区域海岸线快速提取. 地理与地理信息科学，35 (4)：50-56.

余永定，2002. 世界经济形势分析与预测评析. 世界经济，(3)：3-8.

袁麒翔，2015. 人类活动影响下的海湾岸线与景观资源时空变化研究. 宁波：宁波大学.

曾肇京，石海峰，2000. 中国水资源利用发展趋势合理性分析. 水利规划设计，(3)：11-15，29.

张彪，史芸婷，李庆旭，等，2017. 北京湿地生态系统重要服务功能及其价值评估. 自然资源学报，32 (8)：1311-1324.

张君珏，苏奋振，左秀玲，等，2015. 南海周边海岸带开发利用空间分异. 地理学报，70 (2)：319-332.

张晓祥，唐彦君，严长清，等，2014. 近30年来江苏海岸带土地利用/覆被变化研究. 海洋科学，38 (9)：90-95.

张雪芹，曹立新，2013. 各种运输方式的技术经济特征比较分析. 交通与运输（学术版），(1)：170-172.

张耀光，2008. 从人地关系地域系统到人海关系地域系统——吴传均院士对中国海洋地理学的贡献. 地理科学，28 (1)：6-9.

张玉新，宋洋，侯西勇，2019. 1988—2015 年马六甲海峡岸线时空变化特征分析. 海洋科学，43 (8)：17-28.

张云，张建丽，李雪铭，等，2015a. 1990 年以来中国大陆海岸线稳定性研究. 地理科学，35 (10)：1288-1293.

张云，张建丽，景昕蒂，等，2015b. 1990 年以来我国大陆海岸线变迁及分形维数研究. 海洋环境科学学报，34 (3)：406-410.

赵明才，章大初，1990. 海岸线定义问题的讨论. 海岸工程，(Z1)：91-99.

赵文娟，2017. 各种运输方式技术经济特点比较. 合作经济与科技，(2)：38-39.

赵英时，2013. 遥感应用分析原理与方法. 北京：科学出版社.

赵芝玲，李慧，董月娥，等，2017. "高分一号"卫星遥感影像面向对象的水边线提取. 航天返回与遥感, 38 (4): 106-116.

朱长明, 沈占锋, 骆剑承, 等, 2010. 基于 MODIS 数据的 Landsat-7 SLC-off 影像修复方法研究. 测绘学报, 39 (3): 251-256.

朱晓华, 2002. 海岸线分维数计算方法及其比较研究. 黄渤海海洋, 20 (2): 31-36.

朱颖, 吕寅超, 2020. 基于生态系统服务价值优化模型的生态安全格局构建虚拟——以苏州市吴江区为例. 现代城市研究, (8): 89-97.

庄振业, 刘冬雁, 刘承德, 等, 2008. 海岸带地貌调查与制图. 海洋地质动态, 24 (9): 25-32.

左其亭, 2011. 净水资源利用率的计算及阈值的讨论. 水利学报, 42 (11): 1372-1378.

Ahmad S R, Lakhan V C, 2012. GIS-Based analysis and modeling of coastline advance and retreat along the coast of Guyana. Marine Geodesy, 35 (1): 1-15.

Aiello A, Canora F, Pasquariello G, et al, 2013. Shoreline variations and coastal dynamics: A space-time data analysis of the Jonian littoral, Italy. Estuarine Coastal & Shelf Science, 129 (5): 124-135.

Amin S, 1997. Capitalism in the Age of Globalization: The Management of Contemporary Society. London: Zed Books.

Bates T B, 1969. A linear regression analysis of ocean tramp rates. Transportation Research, 3 (3): 377-395.

Bates J M, Granger C W J, 1969. Combination of forecasts. Operations Research, 20 (4): 451-468.

Boak E H, Turner I L, 2005. Shoreline definition and detection: A Review. Journal of Coastal Research, 21 (4): 688-703.

Brooks S M, Spencer T, 2012. Shoreline retreat and sediment release in response to accelerating sea level rise: Measuring and modelling cliffline dynamics on the Suffolk Coast, UK. Global & Planetary Change, 80-81: 165-179.

Bryson J, Henry N, Keeble D, et al, 1999. The Economic Geography Reader, Producing and Consuming Global Capitalism. New York: John Wiley & Sons.

Cainelli G, Iacobucci D, 2012. Agglomeration, related variety, and vertical integration. Economic Geography, 88 (3): 255-277.

Castells M, 1996a. The Rise of the Network Society. Oxford: Blackwell Publishing.

Castells M, 1996b. The net and the self: Working notes for a critical theory of the informational society. Critique of Anthropology, 16 (1): 9-38.

Chapman S A, Meliciani V, 2012. Income disparities in the Enlarged EU: Socio-economic, specialisation and geographical clusters. Tijdschrift voor Economische en Sociale Geografie, 103 (3): 293-311.

Comin F A, Serra J, Herrera J A, 2010. Uses, abuses and restoration of the coastal zone//Comin F A. Ecological Restoration: A Global Challenge. Cambridge: Cambridge University Press.

Cooper M J P, Beevers M D, Oppenheimer M, 2008. The potential impacts of sea level rise on the coastal region of New Jersey, USA. Climatic Change, 90 (4): 475-492.

Crossland C J, Kremer H H, Lindeboom H J, et al, 2005. Coastal Fluxes in the Anthropocene: The Land-Ocean Interactions in the Coastal Zone Project of the International Geosphere-Biosphere Programme. Heidelberg and Berlin: Springer.

Crowell M, Honeycutt M, Hatheway D, 1999. Coastal erosion hazards study: Phase one mapping. Journal of Coastal Research, (28): 10-20.

Dar I A, Dar M A, 2009. Prediction of shoreline recession using geospatial technology: A case study of Chennai Coast, Tamil Nadu, India. Journal of Coastal Research, 25 (25): 1276-1286.

Deichmann U, Balk D, Yetman G, 2001. Transforming population data for interdisciplinary usages: From census to grid. Washington (DC): Center for International Earth Science Information Network.

Demurger S, 2001. Infrastructure development and economic growth: An explanation for regional disparities in China? Journal of Comparative Economics, 29 (1): 95-117.

Dicken P, 2000. Global Shift Transforming the World Economy. London: Paul Chapman.

Dominique S, Forbes D L, Bell T, 2012. Multitemporal analysis of a Gravel-Dominated Coastline in the Central Canadian Arctic Archipelago. Journal of Coastal Research, 28 (2): 421-441.

Doody J P, 2004. Coastal squeeze- an historical perspective. Journal of Coastal Conservation, 10: 129-138.

Doody J P, 2013. Coastal squeeze and managed realignment in southeast England, does it tell us anything about the future. Ocean & Coastal Management, 79: 34-41.

Douglas D H, Peucker T K, 2006. Algorithms for the reduction of the number of points required to represent a digitized line or its caricature. The Canadian Cartographer, 10 (2), 112-122.

Ducruet C, Lee S W, 2006. Frontline soldiers of globalisation: Port-City evolution and regional competition. Geo Journal, 67 (2): 107-122.

Dupras J, Parcerisas L, Brenner J, 2016. Using ecosystem services valuation to measure the economic impacts of land-use changes on the Spanish Mediterranean coast (El Maresme, 1850-2010). Regional Environmental Change, 16 (4): 1075-1088.

Ennis S R, Rios-Vargas M, Albert N G, 2011. Hispanic Population: 2010. 2010 Census Briefs.

Farhan A R, Lim S, 2011. Resilience assessment on coastline changes and urban settlements: A case study in Seribu Islands, Indonesia. Ocean & Coastal Management, 54 (5): 391-400.

Florida R, Kenney M, 1991. Organizational factors and technology-intensive industry: The US and Japan. New Technology, Work and Employment, 6 (1): 28-42.

Ford M R, Kench P S, 2015. Multi-decadal shoreline changes in response to sea level rise in the Marshall Islands. Anthropocene, 11: 14-24.

Fujit M, Mori T, 1996. The role of ports in the making of major cities: Self-agglomeration and hub-effect. Journal of Development Economics, 49 (1): 93-120.

Fujita M, 1999. Location and Space-Economy at half a century: Revisiting Professor Isard's dream on the general theory. The Annals of Regional Science, 33 (4): 371-381.

Fujita M, Krugman P, Venables A, 1999. The spatial economy: cities, regions, and international trade. Cambridge, M A: MIT Press.

Fujita M, Thisse J F, 2002. Economics of Agglomeration: Cities, Industrial Location and Regional Growth. Cambridge: Cambridge University Press.

Genosko J, 1997. Networks, innovative milieu and globalization: Some comments on a regional economic discussion. European Planning Studies, 5 (3): 283-298.

Gitau M, Bailey N, 2012. Multi-layer assessment of land use and related changes for decision support in a coastal zone watershed. Land, 1 (1): 5-31.

Goudarzi S, 2006. Flocking to the Coast: World's Population Migrating into Danger. Live Science, 2006-7-18. Retrieved, 2008-12-14.

Guneroglu A, 2015. Coastal changes and land use alteration on Northeastern part of Turkey. Ocean & Coastal Management, 118: 225-233.

Hegde A V, Akshaya B J, 2015. Shoreline transformation study of Karnataka Coast: Geospatial approach. Aquatic Procedia, 4: 151-156.

Held D, McGrew A, Goldblatt D, et al, 2000. Global Transformations: Politics, Economics and Culture. Stanford CA: Stanford University Press.

Heo J, Kim J H, Kim J W, 2009. A new methodology for measuring coastline recession using buffering and non-linear least squares estimation. International Journal of Geographical Information Science, 23 (9-10): 1165-1177.

Islam M R, Miah M G, Inoue Y, 2015. Analysis of Land Use and Land Cover Changes in the Coastal Area of Bangladesh Using Landsat Imagery. Land Degradation and Desertification, 27 (4): 899-909.

Jayson-Quashigah P N, Addo K A, Kodz K S, 2013. Medium resolution satellite imagery as a tool for monitoring shoreline change. Case study of the Eastern coast of Ghana. Journal of Coastal Research, (65): 511-516.

Kass M, Witkin A, Terzopoulos D, 1988. Snakes: Active Contour Models. International Journal of Computer Vision, 1 (4): 321-331.

Kish S A, Donoghue J F, 2013. Coastal response to storms and sea-level rise: Santa Rosa Island, Northwest Florida, USA. Journal of Coastal Research, 63 (3): 131-140.

Klein R J, Nicholls R J, Thomalla F, 2003. Resilience to natural hazards: How useful is this concept? Global Environ Change. Part B: Environ Hazards, 5 (1-2): 35-45.

Krugman P, 1991a. Increasing returns and economic geography. Journal of Political Economy, 99 (3): 483-499.

Krugman P, 1991b. Geography and Trade. Cambridge, MA: The MIT Press.

Krugman P, 1991c. History and industry location: The case of the US manufacturing belt. American Economic Review, 81 (2): 80-83.

Krugman P, 1991d. History Versus Expectations. Quarterly Journal of Economics, 106 (2): 651-667.

Krugman P, 1993a. First nature, second nature and metropolitan location. Journal of Regional

Science, 33 (2): 129-144.

Krugman P, 1993b. On the relationship between trade theory and location. Theory Review of International Economics, 1 (2): 110-122.

Krugman P, 1993c. On the number and location of cities. European Economic Review, 37 (2-3): 293-298.

Krugman P, 1998. Space: The final frontier. Journal of Economic Perspectives, 12 (2): 161-174.

Kuleli T, 2010. Quantitative analysis of shoreline changes at the Mediterranean Coast in Turkey. Environmental Monitoring & Assessment, 167 (1-4): 387-397.

Kurt S, Karaburun A, Demirci A, 2010. Coastline changes in Istanbul between 1987 and 2007. Scientific Research & Essays, 5 (19): 3009-3017.

Li R, Liu J K, Yaron F, 2001. Spatial modeling and analysis for shoreline change detection and coastal erosion monitoring. Marine Geodesy, 24 (1): 1-12.

Liebovitch L, Toth T, 1989. A fast algorithm to determine fractal dimensions by box counting. Physics Letters A, 141 (8-9): 386-390.

Lin H L, Li H Y, Yang C H, 2011. Agglomeration and productivity: Firm-level evidence from China's textile industry. China Economic Review, 22 (3): 313-329.

Liu H, Sherman D, Gu S, 2007. Automated extraction of shorelines from airborne light detection and ranging data and accuracy assessment based on Monte Carlo Simulation. Journal of Coastal Research, 23 (6): 1359-1369.

Liu Y, Zhang F, Zhang Y, 2009. Appraisal of typical rural development models during rapid urbanization in the eastern coastal region of China. Journal of Geographical Sciences, 19 (5): 557-567.

Liu Z, Li F, Li N, et al, 2016. A novel region-merging approach for coastline extraction from Sentinel-1A IW mode SAR Imagery. IEEE Geoscience and Remote Sensing Letters, 13 (3): 324-328.

Lu S, Wu B, Yan N, et al, 2011. Water body mapping method with HJ-1A/B satellite imagery. International Journal of Applied Earth Observations & Geoinformation, 13 (3): 428-434.

Magañ A P, Ló pez-Ruiz A, Lira A, et al, 2014. A public, open Western Europe database of shoreline undulations based on imagery. Applied Geography, 55 (6): 278-291.

Maglione P, Parente C, Vallario A, 2015. High resolution satellite images to reconstruct recent evolution of Domitian coastline. American Journal of Applied Sciences, 12 (7): 506-515.

Mandelbrot B, 1967. How long is the coast of Britain? Statistical self-similarity and fractional dimension. Science, 156 (3775): 636.

Mandelbrot B, 1983. The Fractal Geometry of Nature. American Journal of Physics, 51 (3): 286.

Marshall D J, McQuaid C D, Williams G A, 2010. Non-climatic thermal adaptation: implications for species' responses to climate warming. Biology Letters, 6 (5): 669-673.

Martínez M L, Hesp P A, Gallego-Fernández J B, 2013. Coastal dunes: human impact and need for restoration//Martínez M L, Gallego-Fernández J B, Hesp P A. Coastal Dune Restoration. Springer

Verlag Springer Series on Environmental Management.

Martínez M L, Mendoza-González G, Silva-Casarín R, et al, 2014. Land use changes and sea level rise may induce a "coastal squeeze" on the coasts of Veracruz, Mexico. Global Environmental Change, 29: 180-188.

Meadows D H, Meadows D L, Randers J, et al, 1972. The Limits to Growth. New York: Universe Books.

Misra A, Balaji R, 2015. A study on the shoreline changes and LAND-use/ Land-cover along the South Gujarat Coastline. Procedia Engineering, 116 (1): 381-389.

Mohanty P K, Barik S K, Kar P K, et al, 2015. Impacts of ports on shoreline change along Odisha Coast. Procedia Engineering, 116 (1): 647-654.

Moussaid J, Fora A A, Zourarah B, et al, 2015. Using automatic computation to analyze the rate of shoreline change on the Kenitra coast, Morocco. Ocean Engineering, 102: 71-77.

Mujabar P S, Chandrasekar N, 2013. Shoreline change analysis along the coast between Kanyakumari and Tuticorin of India using remote sensing and GIS. Arabian Journal of Geosciences, 6 (3): 647-664.

Natesan U, Parthasarathy A, Vishnunath R, et al, 2015. Monitoring longterm shoreline changes along Tamil Nadu, India Using Geospatial Techniques. Aquatic Procedia, 4: 325-332.

Nava H, Ramírez-Herrera M T, 2012. Land use changes and impact on coral communities along the central Pacific coast of Mexico. Environmental Earth Sciences, 65 (4): 1095-1104.

NOAA, 1972. Coastal Zone Management Act (CZMA).

Notteboom T E, 2005. Port regionalization: Towards a new phase in port development. Maritime Policy & Management, 32 (3): 297-313.

Nyberg B, Howell J A, 2016. Global distribution of modern shallow marine shorelines. Implications for exploration and reservoir analogue studies. Marine and Petroleum Geology, 71: 83-104.

Ozturk D, Sesli F A, 2015. Shoreline change analysis of the Kizilirmak Lagoon Series. Ocean & Coastal Management, 118: 290-308.

Pardo-Pascual J E, Sánchez-García E, Almonacid-Caballer J, et al, 2018. Assessing the accuracy of automatically extracted shorelines on Microtidal Beaches from Landsat 7, Landsat 8 and Sentinel-2 Imagery. Remote Sensing, 10 (2): 326.

Park B, 1921. Introduction to the Science of Sociology. Chicago: University of Chicago Press.

Park R E, Burgess E W, 1921. An Introduction to the Science of Sociology. Chicago: University of Chicago Press.

Paul R K, 1993. Geography and trade. London, England: The MIT Press.

Paul R K, 1998. The accidental theorist: and other dispatches from the dismal science. New York: Norton.

Peduzzi P, Chatenoux B, Dao H, et al, 2012. Global trends in tropical cyclone risk. Nature Climate Change, 2 (4): 289-294.

Pontee N I, 2011. Reappraising coastal squeeze: A case study from north-west England. Maritime

Engineering, 164 (3): 127-138.

Pontee N I, 2013. Defining coastal squeeze: A discussion. Ocean & Coastal Management, 84: 204-207.

Porter M E, 2000. Location, competition, and economic development: Local clusters in a global economy. Economic Development Quarterly, 14 (1): 15-35.

Qiang Y, Lam N S N, 2015. Modeling land use and land cover changes in a vulnerable coastal region using artificial neural networks and cellular automata. Environmental Monitoring and Assessment, 187 (3): 1-16.

Ranasinghe R, Duong T M, Uhlenbrook S, et al, 2013. Climate-change impact assessment for inlet-interrupted coastlines. Nature Climate Change, 3 (1): 83-87.

Rao N S, Ghermandi A, Portela R, et al, 2015. Global values of coastal ecosystem services: A spatial economic analysis of shoreline protection values. Ecosystem Services, 11: 95-105.

Salghuna N N, Bharathvaj S A, 2015. Shoreline change analysis for northern part of the Coromandel Coast. Aquatic Procedia, 4: 317-324.

Samir A, 1997. Global restructuring and peripheral states: The carrot and the stick in Mauritania by Mohameden Ould-Mey. Africa Today, 44 (1): 83-84.

Schleupner C, 2008. Evaluation of coastal squeeze and its consequences for the Caribbean island Martinique. Ocean & Coastal Management, 51 (5): 383-390.

Scott A J, 1998. Regions and the World Economy. Oxford: Oxford University Press.

Shetty A, Jayappa K S, Mitra D, 2015. Shoreline change analysis of Mangalore Coast and morphometric analysis of Netravathi-Gurupur and Mulky-pavanje Spits. Aquatic Procedia, 4: 182-189.

Simola A, 2015. Intensive margin of land use in CGE models-Reviving CRESH functional form. Land Use Policy, 48: 467-481.

Small C, Gornitz V, Cohen J E, 2000. Coastal hazards and the global distribution of human population. Evironmental Geosciences, 7 (1): 23-31.

Small C, Nicholls R J, 2003. A global analysis of human settlement in coastal zones. Journal of Coastal Research, 19 (3): 584-599.

Souza S, Silva E, 2011. Planning land reform on a regional scale: A case study from Brazil. Planning Theory & Practice, 12 (4): 569-590.

Tok E, Gü nay A S D, Turan A Ç, 2015. A case study in natural coastline of Enez-Kesan districts by using natural threshold analysis. Ocean & Coastal Management: 118: 129-138.

Turner B L, Skole D, Sanderson S, et al, 1995. Land use and land cover change, science research plan. IGBP Report No. 35 and IHDP report No.7: Stockholm: IGBP.

Tzatzanis M, Thomas T, Sauberer N, 2003. Landscape and vegetation responses to human impact in sandy coasts of Western Crete, Greece. Journal for Nature Conservation, 11 (3), 187-195.

Wen M, 2004. Relocation and agglomeration of Chinese industry. Journal of Development Economics, 73 (1): 329-347.

White K, Asmar H, 1999. Monitoring changing position of coastlines using thematic mapper imagery, an example from the Nile Delta. Geomorphology, 29 (1): 93-105.

William V, 1949. Road to Survival. London: Victor Gollanez.

Wu J J, Gopinath M, 2008. What causes spatial variations in economic development in the United States. American Journal of Agricultural Economics, 90 (2): 392-408.

Wu T, Hou X, Xu X, 2014. Spatio-temporal characteristics of the mainland coastline utilization degree over the last 70 years in China. Ocean & Coastal Management, 98: 150-157.

Yıldırım Ü, Erdogan S, Uysal M, 2011. Changes in the coastline and water level of the akşehir and eber lakes between 1975 and 2009. Water Resources Management, 25 (3): 941-962.

Zeng C, Shen H, Zhang L, 2013. Recovering missing pixels for Landsat ETM+SLC-off imagery using multi-temporal regression analysis and a regularization method. Remote Sensing of Environment, 131: 182-194.